沈浦 著

土壤微量营养元素循环与转化研究特点及趋势

中国农业科学技术出版社

图书在版编目（CIP）数据

土壤微量营养元素循环与转化研究特点及趋势／沈浦著. --北京：中国农业科学技术出版社，2024.9.
ISBN 978-7-5116-7112-7

Ⅰ.S153.6

中国国家版本馆CIP数据核字第2024PV6701号

责任编辑　周　朋
责任校对　王　彦
责任印制　姜义伟　王思文

出 版 者	中国农业科学技术出版社
	北京市中关村南大街12号　邮编：100081
电　　话	（010）82103898（编辑室）　（010）82106624（发行部）
	（010）82109709（读者服务部）
网　　址	https://castp.caas.cn
经 销 者	各地新华书店
印 刷 者	北京建宏印刷有限公司
开　　本	148 mm×210 mm　1/32
印　　张	5.5
字　　数	160千字
版　　次	2024年9月第1版　2024年9月第1次印刷
定　　价	48.00元

◁◀◀ 版权所有·翻印必究 ▶▶▷

《土壤微量营养元素循环与转化研究特点及趋势》著者名单

主 著：沈 浦
副主著：梁海燕 杨丽玉
著 者（按姓氏笔画排序）：
　　　　王香竹 尹 亮 刘 淼 孙学武
　　　　杨丽玉 吴 曼 吴 琪 沈 浦
　　　　陈殿绪 梁海燕

前　言

土壤微量营养元素包括了植物生长发育所必需的铁、硼、锰、铜、锌、钼、氯等元素，这些元素在土壤中的浓度低，但不可或缺。近年来，土壤微量营养元素缺乏导致的作物生长发育不良等现象突出，但过量的铜、锰、锌等元素同样危害作物的生长发育，导致作物产量与品质下降。

微量元素在土壤中的循环与转化是当前研究的重点与热点问题。本书采用文献计量学方法，系统梳理了土壤铁、硼、锰、铜、锌、钼、氯等元素研究的总体现状、特点与演化趋势，对优化农田养分资源管理策略及提升土壤微量元素养分利用效率具有良好的促进作用。

山东省花生研究所联合有关研究机构，结合各自的研究成果，著成本书。本书包括八章内容，第一章介绍土壤微量营养元素循环与转化研究概况；第二章介绍土壤铁营养研究特点与趋势；第三章介绍土壤硼营养研究特点与趋势；第四章介绍土壤锰营养研究特点与趋势；第五章介绍土壤铜营养研究特点与趋势；第六章介绍土壤锌营养研究特点与趋势；第七章介绍土壤钼营养研究特点与趋势；第八章介绍土壤氯营养研究特点与趋势。

本书撰写和出版得到山东省农业科学院农业科技创新工程（CXGC2024B13）、山东省重大科技创新工程（2019JZZY010702）、国家自然科学基金（32201918、32401759）、山东省自然科学基金（ZR2022MC074）等资助。在撰写和编辑过程中，得到了中国农业科学技术出版社和部分单位的支持，在此一并致谢。

限于著者的学术水平，本书难免存在不足之处，恳请广大读者批评指正。

著 者

2024 年 8 月

目 录

第一章 土壤微量营养元素循环与转化研究概况 ········· 1
 一、土壤微量营养元素总体概况 ··················· 1
 二、微量营养元素对土壤养分有效性的影响作用 ······ 10
 三、土壤微量营养元素循环与转化特点 ············· 12
 四、土壤微量营养元素研究特点与趋势分析方法 ····· 17

第二章 土壤铁营养研究特点与趋势 ··············· 20
 一、土壤铁循环与转化特点 ······················· 20
 二、土壤铁营养研究的进程分析 ··················· 28
 三、土壤铁营养研究的重点方向 ··················· 34
 四、土壤铁营养研究的变化趋势 ··················· 37

第三章 土壤硼营养研究特点与趋势 ··············· 44
 一、土壤硼循环与转化特点 ······················· 44
 二、土壤硼营养研究的进程分析 ··················· 49
 三、土壤硼营养研究的重点方向 ··················· 54
 四、土壤硼营养研究的变化趋势 ··················· 56

第四章 土壤锰营养研究特点与趋势 ··············· 63
 一、土壤锰循环与转化特点 ······················· 63
 二、土壤锰营养研究的进程分析 ··················· 69
 三、土壤锰营养研究的重点方向 ··················· 74
 四、土壤锰营养研究的变化趋势 ··················· 76

第五章 土壤铜营养研究特点与趋势 ··············· 83
 一、土壤铜循环与转化特点 ······················· 83
 二、土壤铜营养研究的进程分析 ··················· 88

  三、土壤铜营养研究的重点方向 ················ 93
  四、土壤铜营养研究的变化趋势 ················ 96
 第六章 土壤锌营养研究特点与趋势 ················ 103
  一、土壤锌循环与转化特点 ···················· 103
  二、土壤锌营养研究的进程分析 ················ 108
  三、土壤锌营养研究的重点方向 ················ 113
  四、土壤锌营养研究的变化趋势 ················ 116
 第七章 土壤钼营养研究特点与趋势 ················ 123
  一、土壤钼循环与转化特点 ···················· 123
  二、土壤钼营养研究的进程分析 ················ 127
  三、土壤钼营养研究的重点方向 ················ 131
  四、土壤钼营养研究的变化趋势 ················ 134
 第八章 土壤氯营养研究特点与趋势 ················ 141
  一、土壤氯循环与转化特点 ···················· 141
  二、土壤氯营养研究的进程分析 ················ 146
  三、土壤氯营养研究的重点方向 ················ 151
  四、土壤氯营养研究的变化趋势 ················ 153
 参考文献 ·· 160

第一章 土壤微量营养元素循环与转化研究概况

一、土壤微量营养元素总体概况

(一) 土壤微量元素的概念内涵

土壤微量营养元素,也称为微量元素或痕量元素,是指植物正常生长发育所必需的,与大量元素[氮(N)、磷(P)、钾(K)]相比,植物对其需求量很少的一类植物必需营养元素。这些元素虽然在植物体内含量不高,但它们同大量元素一样,在植物的许多关键生理过程中发挥着至关重要的作用(刘铮,1991)。

土壤中微量元素主要来自成土母质,其含量受成土母质种类与成土过程影响。土壤微量元素也受土壤质地影响,在质地细的土壤或细粒部分中含量高,而在砂质土和砂粒部分中含量较少。其含量还与土壤有机质含量有关,有机质含量较高,微量元素含量也相对较高,但有机质和微量元素的关系通常呈现"阈值效应",即有机质超过一定浓度时,微量元素的有效性或含量反而会下降(刘铮,1991)。这是由于土壤的微量元素几乎全部来自土壤矿质部分,种植其上的植物从底层土壤得到微量元素,通过生物富集作用使微量元素积聚于表层土壤累积,因而表现出微量元素随土壤有机质含量增加而增长的趋势。但过高的土壤有机质会降低土壤容重,致使土壤矿质部分构成的土壤微量元素全量比例随之下降(Sillanpaa,1962)。

土壤中常见的微量元素主要有铁(Fe)、硼(B)、锰(Mn)、铜（Cu）、锌（Zn）、钼（Mo）、氯（Cl），土壤微量营养元素基本物质性状见表1-1。了解土壤微量元素研究的重要性及近年来土壤微量元素的研究现状，可为环境保护、优质生产和土壤改良提供基础依据。

表1-1 土壤主要微量营养元素基本物质性状

元素	原子量	常见价态	同位素
铁（Fe）	55.845	+2、+3	Fe-54、Fe-56、Fe-57、Fe-58等
硼（B）	10.811	+3	B-10、B-11等
锰（Mn）	54.938	+2、+3、+4、+6、+7	Mn-55、Mn-55等
铜（Cu）	63.546	+1、+2	Cu-63、Cu-65等
锌（Zn）	65.38	+2	Zn-64、Zn-66、Zn-68等
钼（Mo）	95.95	+2、+4、+5、+6	Mo-95、Mo-96、Mo-97等
氯（Cl）	35.45	-1、+1、+3、+5、+7	Cl-35、Cl-37等

植物在整个生长发育过程中需要多种元素，主要是从土壤中吸取，所以土壤是植物矿物质及氮素营养的主要来源。土壤物质组成的主体是土壤矿物，土壤矿物一般占土壤干重的95%。土壤矿物是母岩风化和成土母质经成土作用的产物，其组成受源区母岩类型、气候环境及成土时间等因素的影响。因此，母岩的地球化学特性直接影响土壤、水体中多种元素的含量、赋存状态、共生组合。在表生环境下，成土母岩在形成土壤的过程中，元素含量及赋存状态会发生不同程度的变化。潜育作用、淋溶作用、地表有机质聚集及灰壤化作用、土壤酸碱性、氧化还原电位、含水含气性等都会影响土壤中微量元素的含量、分布、赋存状态和活动性。对于耕作层而言，其元素含量还因人为的各种因素（种植、放养、施肥等）而发生变化。土壤中植物必需微量元素 Fe、Mn、Zn、Cu、Mo、B等的供给水平不仅影响植物的正常生长和发育，而且还进一步影响农产品的品质与产量；土壤中镉（Cd）、汞（Hg）、镍

(Ni)、钴（Co）、铅（Pb）等的大量存在会对植物产生毒害作用；土壤中砷（As）、氟（F）、碘（I）、硒（Se）等的存在对植物作用不大，但它们可通过食物链间接或直接影响到动物或人类健康（蔡晶等，2002）。因此，许多国家越来越重视微量元素的作用及其机理的研究，大规模生产施用微量元素肥料已成为世界化肥研究的重要课题。随着作物产量的提高，土壤中微量元素的消耗也随之增加，微量元素在农业中的应用已引起普遍关注和重视。以下主要介绍对土壤和作物有益的土壤微量营养元素。

（二）土壤微量营养元素的含量变化

微量元素在土壤中有多种存在形态，可分为溶解态、交换态、吸附态、氧化物结合态（包括氧化锰、无定型氧化铁和晶型氧化铁结合态）、有机结合态（松结有机态和紧结有机态）、矿物态（包括原生与次生矿物结合态）等，其中溶解态和交换态的活性最强，占总含量的 5%~10%。土壤中各形态元素因植物的吸收而处于动态平衡，且不断补充土壤溶液中的浓度供植物正常生长。1957年，White 首次对土壤锌进行了形态分级，自此之后，国内外很多学者开始对土壤中微量元素的形态进行研究。一般而言，石灰性土壤的主要组分包括碳酸盐、土壤矿物、有机质、氧化物等，因此多数学者将石灰性土壤中的微量元素形态划分为碳酸盐结合态、矿物态、有机质结合态、氧化物结合态，由于土壤溶液中本身就含有一些微量元素或者各土壤组分的表面也都吸附有一定量的微量元素，这些吸附的微量元素与土壤溶液中的微量元素处于平衡状态，从而构成可交换态微量元素。

不同区域的土壤微量元素含量显示出差异性。对浙江省滨海平原的研究发现，随着围垦利用时间的增加，土壤中铜、锌含量呈现增加趋势，而铁、锰、硼、钼含量呈现下降趋势；有效态铜、锌、铁、锰都明显增加，而有效态硼、钼含量明显下降。这表明土壤利用方式和时间对微量元素含量有显著影响。黄土高原长期种植作物研究发现，在长期种植作物条件下，土壤中有效态微量元素含量的剖面分布与土壤中微量元素的全量有关，也与不同的种植系统有关。例如，小麦连作和苜蓿连作种植系统使锌和铁从矿物态向有机结合态转化，增加了土壤有效锌和有效铁的储备（魏孝荣等，2005）。中国稻田土壤有效态中量和微量元素含量的分布特征研究表明，东北水稻土交换性镁和有效硼含量高于其他地区，但有效锌含量最低；长三角有效锰含量最高、有效硫含量最低；长江中游有效铜含量最高，有效态铁、锰和钼含量最低；西南交换性钙含量高于其他地区，有效铜含量则低于其他地区；华南有效态铁、钼含量均高于其他地区，而交换性钙、镁含量低于其他地区。这些数据反映了区域土壤微量元素含量的差异性（张璐等，2020）。

由此可见，不同区域的土壤微量营养元素含量存在显著差异，且随着土地利用方式和时间的变化，土壤中微量元素的含量也会发生变化。因此，了解和监测土壤中微量元素的含量及其变化对于指导农业生产和保护土壤健康具有重要意义。土壤微量元素阈值的确定可为土壤管理和污染控制提供科学依据。土壤阈值是指土壤中某种物质含量的界限值，超过这个界限值，该元素可能会对植物生长、土壤生态或人体健康产生不良影响。例如，农用地土壤污染风险筛选值的制定方法体系，包括土壤-植物体系和土壤-微生物体系，以保护农产品质量安全、保护农作物正常生长和保护土壤生态良性循环为目标。土壤锌污染风险筛选值：$pH \leqslant 5.5$，筛选值为200 mg/kg；$5.5 < pH \leqslant 6.5$，筛选值为200 mg/kg；$6.5 < pH \leqslant 7.5$，筛选值为250 mg/kg；$pH > 7.5$，筛选值为300 mg/kg。土壤铜污染风险筛选值：$pH \leqslant 5.5$，筛选值为80 mg/kg；$5.5 < pH \leqslant 6.5$，筛选值为85 mg/kg；$6.5 < pH \leqslant 7.5$，筛选值为100 mg/kg；$pH > 7.5$，筛选值为100 mg/kg。

对滨海盐碱苜蓿种植地土壤微量元素空间变化特征进行分析发现，随着土壤深度的增加，土壤有效态铁、锰、铜、锌含量均呈现下降趋势，0~20 cm土层土壤的微量元素含量均显著高于70~

90cm 土层土壤的微量元素含量。0~10 cm 土层土壤的有效态铁、锰、铜、锌含量分别为 11.4 mg/kg、21.8 mg/kg、1.3 mg/kg、1.5 mg/kg，根据 DZ/T 0295—2016《土地质量地球化学评价规范》中土壤有效态微量元素含量的评价标准，该土层土壤的有效态铁、锰、铜、锌含量均处于较丰富的范围。相类似的，10~20 cm 土层土壤的有效态铁、锰、铜、锌含量也均处于较丰富的范围（谭琦元等，2024）。

（三）土壤微量营养元素的标准

土壤微量元素普查成果通常涵盖多维度指标，包括元素含量特征、空间分异规律及其环境效应。中国土壤数据库系统收录了土地利用方式、耕层土壤阳离子交换量、耕层-剖面养分含量、土壤机械组成、容重及速效态微量元素等关键参数。中国耕地地球化学调查报告（2015）通过 54 项元素指标的全国性调查，系统识别出富硒耕地等具有地域特色的有益微量元素富集区，为特色农业开发提供了科学依据。典型案例研究表明，汉江中上游余姐河流域土壤剖面显示：有效态铜（Cu）、铁（Fe）、锰（Mn）等微量元素含量随土层加深呈显著递减趋势，且其空间分布格局与土地利用方式显著相关。

根据土壤应用功能和保护目标，土壤环境质量划分为 3 类：Ⅰ类主要适用于国家规定的自然保护区（原有背景重金属含量高的除外）、集中式生活饮用水源地、茶园、牧场和其他保护地区的土壤，土壤质量基本保持自然背景水平；Ⅱ类主要适用于一般农田、蔬菜地、茶园、果园、牧场等土壤，土壤质量基本上对植物和环境不造成危害和污染；Ⅲ类主要适用于林地土壤及污染物容量较大的高背景值土壤和矿产附近等地的农田土壤（蔬菜地除外）。土壤质量基本上对植物和环境不造成危害和污染。一级标准为保护区域自然生态，维持自然背景的土壤环境质量的限制值；二级标准为保障农业生产，维护人体健康的土壤限制值；三级标准为保障农林业生产和植物正常生长的土壤临界值。例如，土壤铜的一级环境治理自然背景标准值是 35 mg/kg；二级标准根据土壤 pH 值有所不同，pH<6.5 时标准值为 50 mg/kg，6.5<pH≤7.5 时标准值为 100 mg/kg，pH>7.5 时标准值为 100 mg/kg；而三级标准为 pH>6.5 时标准值为 400 mg/kg。这些标准值适用于不同的土壤环境质量类别，以保护生态环境、保障农业生产和维护人体健康。各级标准的具体适用范围和监测方法也在国家相关的标准中有详细规定。

微量元素食品安全标准是确保食品中微量元素含量在安全范围内的重要标准，这些标准有助于保护消费者健康，防止微量元素摄入不足或过量。以下是一些与微量元素食品安全标准相关的信息。GB 5009.268—2016《食品安全国家标准 食品中多元素的测定》规定了食品中多元素的测定方法。WS/T 578.3—2017 是中国居民膳食营养素参考摄入量的标准，提出了铁、碘、锌、硒、铜、钼、铬等 7 种必需微量元素的参考摄入量。中国居民不同性别、年龄及生理状况人群的膳食微量元素参考摄入量不同。例如，0 岁婴儿铁的平均摄入量为 0.3 mg/d，锌为 2 mg/d，铜为 0.3 mg/d，钼为 2 μg/d；随着年龄的增加，微量元素摄入量也不断增加，18 岁以上成年男性铁的平均摄入量为 9 mg/d，锌为 10.4 mg/d，铜为 0.60 mg/d，钼为 85 μg/d；18 岁以上成年女性铁平均的摄入量为 15 mg/d，锌为 6.1 mg/d，铜为 0.60 mg/d，钼为 85 μg/d。

土壤微量元素对土壤养分及植株生长至关重要，明确土壤微量元素含量对指导作物健康发育具有重要意义，因此，以下列出了检测微量元素常用的几种方法（表 1-2），这些方法的选择通常取决于实验室的设备条件、所需分析的微量元素种类以及所需的灵敏度和准确度。通过这些方法，可以有效地评估土壤中微量元素的含量和形态，从而为农业生产和环境保护提供科学依据（傅昀等，1999）。

表 1-2 微量元素检测方法

检测方法	检测元素种类	优点	缺点
电感耦合等离子体质谱法 (ICP-MS)	土壤和沉积物中的金属元素总量，如 Ag、As、Ba、Be、Bi、Cd、Cr、Co、Cu、Li、Mn、Mo、Ni、Sb、Sr、Pb、Th、Tl、U、V 和 Zn	可测定金属元素种类多，灵敏度高，易于推广	仪器成本高，可能存在质谱干扰，需要严格的样品前处理
电感耦合等离子体发射光谱法 (ICP-OES)	土壤中的多种金属元素，如 Cu、Mn、Ni、Zn	分析速度快，可多元素同时分析，精密度好	对于某些特定低含量元素的检出限要求可能无法满足
原子吸收光谱法 (AA)	土壤中的微量元素，如 Pb、Cd、Cu、Zn、Ni	设备成本相对较低，灵敏度和选择性好	一次进样只能测定一种元素，不适合多元素同时测定
比色法（光度法）和极谱法	某些特定元素的测定	设备简单，成本较低，对于某些元素的测定灵敏度和准确度较高	通常不适用于多元素同时测定，且对于样品前处理的要求较高
土壤溶液抽取技术	有效态微量元素	能够提供土壤中有效态元素信息，对于农业施肥指导有重要意义	提取剂的选择对结果影响较大，能需要针对不同元素选择不同的提取剂
微波消解-ICP-MS 法	高岭土中的 As、Sb 等 10 种微量元素	酸类用量少，缩短了测定时间，减少了对环境及人体的影响	需要专门的微波消解设备，对于操作条件有较高要求
X 射线荧光光谱法 (XRF)	土壤中多种元素	样品处理简单，分析速度快，适合大批量检测	不适合痕量元素的检测，如 Pb、Cd、Hg、As 等

(四) 微量营养元素的功能作用

随着作物产量的增加和复种指数的提高,土壤中被移除的微量元素数量也在不断增加。同时氮磷化肥的施用量越来越大,而有机肥料的施用却不足,导致许多土壤缺乏必需的微量元素,一些地块甚至已明显表现出缺素症状(表1-3)。单靠施用普通肥料弥补微量元素已远远不够,因此,从营养学角度讲使用微量元素肥料是十分必要的(邵建华,2001;刘芷宇等,1982)。大量试验证明,使用微量元素肥不仅能激发许多酶的活性、增加作物体内的营养,而且还促进作物对地下营养的吸收,使植株健壮,抗病、抗倒伏能力增强,预防并治疗缺素引起的生理性病害,从而达到增产、提高农作物产品品质目的(表1-4)。

表1-3 土壤微量营养元素功能及缺素症状

微量元素	功能作用	缺乏症
铁(Fe)	参与植物的光合作用、呼吸作用、固氮作用和叶绿素合成等过程,是许多酶的组成部分	新叶出现叶脉间失绿,严重时整个叶片变白
锰(Mn)	是多种酶的辅助因子,参与光合作用中的水分解反应	植物叶片会出现黄斑,新叶变黄,叶脉间出现坏死斑点
锌(Zn)	是多种酶的组成部分,参与植物的光合作用、蛋白质合成、生长素合成和植物的免疫过程	植物生长受阻,叶片变小,新叶变黄,叶脉间出现黄斑
铜(Cu)	是植物体内多种氧化酶的组成部分,参与植物的光合作用、呼吸作用和氮代谢	植物叶片会出现黄化,叶尖枯死,叶缘卷曲,植株生长缓慢
硼(B)	对植物的细胞分裂、花粉活力、种子发育和细胞壁结构的维持有重要作用	植物花粉活力下降,果实发育不良,新梢生长受阻
钼(Mo)	是固氮酶和硝酸还原酶的组成部分,对植物的氮代谢至关重要	植物叶片会出现黄化,叶脉间出现坏死斑点,叶片边缘焦枯

(续表)

微量元素	功能作用	缺乏症
氯（Cl）	主要参与光合作用、渗透压调节和离子平衡	植物缺氯的情况较少见，但可能导致叶片失绿和生长受阻
镍（Ni）	是某些植物（如豆科植物）固氮作用的必需元素	植物新叶黄化，生长缓慢

表1-4 施用微量元素对作物及土壤的影响结果

作者	材料	结果
陈茂雪，2024	微量元素肥（铁锰锌铜）	施用微量元素增加了烤烟根长、根茎及根总质量；微量元素组合施用效果最好，对根系生长及根活力效果显著
王雪，2023	氮肥+硼肥	硼肥的施入会显著提高水稻齐穗期茎鞘和叶的干物质累累量、成熟期穗部干物质积累量；氮硼互作对水稻成熟期穗部干物质积累有显著影响，氮素积累量提高12%以上
杨富强，2023	组配硫酸锌、硫酸锰、硼酸、钼酸铵不同组合	叶面喷施适宜的微肥组合促进了玉米叶片光合色素的合成，同时微肥提高了叶片SOD、POD、CAT活性，降低了MDA含量，延缓了叶片衰老，增加寒地高产玉米叶面积指数，显著增加成熟期籽粒Mg、Mn、Zn含量，较CK分别增加22%、19%、18%，达到籽粒营养强化的作用
杨晓丹等，2023	中微量元素肥料（硫酸锌15%、硫酸铜3%、硫酸锰8%、硼酸7%、硫酸铁15%、硫酸镁20%、黄腐酸10%、硅粉7%）	施用中微量元素肥料后，水稻的产量、有效穗数和穗粒数均有不同程度的提高，两个水稻品种的产量分别提高了19.15%和18.45%，齐穗期和灌浆期两个品种的光合效率分别提高了8.40%、10.62%和9.84%、8.77%
郝青婷等，2023	$FeSO_4 \cdot 7H_2O$（纯度≥90%）喷施铁肥的浓度为0.01%	与CK相比，叶绿素含量显著增加，施肥量达到750.00 kg/hm² 时，叶绿素含量达到最高，株高、荚长、单株荚数、百粒重、作物产量和生物产量在施肥量为750.00 kg/hm² 时均明显增长

（续表）

作者	材料	结果
朱洪江等，2023	氯化镁	增施氯化镁可有效提升烟叶中氯元素含量，移栽期每 $667m^2$ 窝施氯化镁 1 kg 在烟草团棵期可以促进烟株茎围及叶面积的增加。在移栽时窝施的基础上，于旺长期每 $667m^2$ 喷施 500 g 的氯化镁对花叶病防治效果最佳，最佳相对防效可达 77.82%

这些微量元素参与调节植物体内多种酶的活性，影响光合作用、呼吸作用、氮代谢、激素合成、细胞分裂和生长等过程。它们还参与植物的抗氧化防御系统，保护植物免受活性氧的损害。例如，铁元素是植物体内许多酶的组成部分，参与光合作用、呼吸作用、固氮作用和叶绿素的合成。铁缺乏时表现为新叶叶脉间失绿，叶片可能呈现淡黄色或白色，严重时整个叶片变白。锰元素参与光合作用中的水的光解，是某些酶的活性中心，对种子萌发和幼苗生长至关重要。锰缺乏症状为叶片出现褐色斑点，新叶变黄，叶脉间出现死斑。锌是多种酶的组成部分，影响植物生长素的合成，对植物的生长发育、光合作用和蛋白质合成有重要作用。锌缺乏时表现为叶片变小，新叶变黄，叶脉间出现黄斑，严重时叶片变窄，呈簇生状。铜是多种氧化酶的组成部分，参与光合作用和呼吸作用中的电子传递，对叶绿素的合成和植物的抗病性有积极作用。铜缺乏症状表现为新叶变黄，叶尖枯死，叶缘卷曲，植株矮小。

二、微量营养元素对土壤养分有效性的影响作用

微量营养元素在土壤生态系统中扮演着重要角色。首先，它们对土壤中的主要养分如氮、磷、钾的有效性具有显著影响。土壤微量元素在土壤氮素养分循环中起着至关重要的作用。这些微量元素如铁、锰、锌、铜等，虽然需求量不大，但它们的存在情况直接影响到土壤中的氮素转化和植物对氮素的吸收利用。其次，微量元素

还能直接影响植物对氮素的吸收和利用。例如，锌是植物体内多种酶的组成部分，参与氮素代谢的多个环节。缺锌会导致植物氮素代谢受阻，进而影响植物的生长和发育。最后，土壤中的微量元素还可能与氮素形成复杂的化合物，从而影响氮素在土壤中的稳定性和有效性。这些化合物可以影响氮素的溶解性、迁移性和生物有效性，进而影响植物对氮素的吸收和利用。

对于土壤中的磷元素，微量营养元素同样具有调控作用。磷的有效性往往受到土壤pH值和土壤固磷能力的影响。而某些微量营养元素（如铝）和某些中量营养元素（如钙）等能够影响土壤的pH值，从而间接影响磷的有效性。此外，一些特定的微生物如解磷菌在分解难溶性磷化合物时，也需要特定的微量营养元素支持，这些元素的缺乏会限制解磷菌的活动，进而影响磷的释放和有效性。

钾元素作为植物必需的三大营养元素之一，其有效性也受到微量营养元素的影响。虽然钾元素在土壤中的移动性较强，但其有效性仍受到土壤质地、土壤结构等因素的影响。而某些微量营养元素如镁、钙等能够改善土壤结构，提高土壤保水保肥能力，从而有助于钾元素的保留和有效性提高。

微量元素在微生物的生长和代谢中起着至关重要的作用。它们作为酶的辅基或激活剂，参与微生物体内多种生物化学反应，影响微生物的生理功能和代谢途径。

首先，某些微量元素如铁、锌、铜等是微生物体内多种酶的活性中心或组成部分，它们直接参与酶的催化作用，对微生物的代谢速率和效率具有显著影响。当这些微量元素缺乏时，酶的活性降低，微生物的代谢受到抑制，生长速度减缓，甚至可能导致微生物死亡。

其次，微量元素还参与微生物的氧化还原反应、能量代谢、物质转运等生理过程。例如，锰离子在微生物的呼吸链中起到传递电子的作用，促进能量的产生和储存；而硒元素则参与微生物的抗氧化防御系统，保护微生物免受氧化应激的损害。

最后，微量元素还对微生物的群落结构和功能产生影响。不同微生物对微量元素的需求量和利用能力存在差异，这导致在相同环境条件下，不同微生物的竞争优势和生存策略发生变化。因此，通过调节环境中微量元素的含量和比例，可以调控微生物的群落结构，优化微生物的功能和性能。

三、土壤微量营养元素循环与转化特点

（一）土壤微量营养元素的地球化学循环

微量元素在土壤-水-植株-微生物这一复杂的循环体系中扮演着至关重要的角色。它们以极低的浓度存在于自然环境中，却对生态系统的平衡与稳定起着决定性的作用。

土壤作为微量元素的主要储存库，其含量和形态直接影响着植物对这些元素的吸收和利用。土壤中的微量元素通过溶解于水，形成可溶性的离子或络合物，进而被植物根系吸收。

一旦进入植物体内，微量元素便参与植物生长发育的各个阶段，从光合作用到呼吸作用，从细胞分裂到组织形成，无一不留下它们的痕迹。这些元素在植物体内以特定的形态存在，并与蛋白质、酶等生物大分子结合，形成具有特定功能的复合物，从而调节植物的生理代谢过程。例如，铁元素是叶绿素的重要组成部分，它的存在直接关系到植物的光合作用效率，进而影响植物的生长速度和产量。锌元素则对植物体内多种酶的活性具有促进作用，这些酶在植物的新陈代谢、营养吸收及抵抗逆境等方面都发挥着重要作用。此外，硼元素对于植物细胞壁的构建和维持至关重要，它有助于保持细胞形态的稳定，防止植物出现生长异常现象。这些微量元素在植物体内的精妙配合，共同构成了植物健康生长的坚实基础。

然而，微量元素在植物体内的积累并不是无限制的。当某种微量元素在植物体内含量过高时，会对植物造成毒害作用，甚至导致

其死亡。因此，植物通过一系列复杂的机制来调控对这些元素的吸收、转运和储存，以确保其在体内的平衡。与此同时，微生物也参与到这一循环体系中来。它们通过分解有机物质、释放养分、改变土壤理化性质等方式，影响着微量元素的生物有效性。例如，一些微生物能够产生有机酸或螯合剂，将土壤中的难溶态微量元素转化为可溶态，从而提高植物对它们的吸收效率。

综上所述，微量元素在土壤-水-植株-微生物循环体系中的循环过程是一个复杂而精细的过程，涉及多个环节的相互作用和调控，对于维持生态系统的平衡与稳定具有重要意义。

(二) 土壤微量营养元素的转化机制过程

土壤微量元素的转化特征涉及元素在土壤中形态和生物可利用性的变化。微量元素的转化是一个动态过程，受多种因素影响，包括土壤理化性质、植物根系活动、微生物作用以及环境条件等。土壤微量元素转化具有的关键特征如表1-5所示。

表1-5 土壤微量元素转化关键特征

转化机制	特征	影响因素	影响结果
吸附-解吸平衡	微量元素在土壤固相和液相间的分配	土壤矿物表面特性、离子竞争	吸附增强时生物可利用性降低，解吸增强时生物可利用性提高
氧化还原反应	微量元素氧化态的变化	土壤氧化还原条件	改变微量元素的化学形态和生物可利用性
酸碱反应	pH值变化影响微量元素的溶解度和吸附状态	土壤pH值	影响微量元素的溶解度和生物可利用性
络合与螯合反应	微量元素与土壤中配体形成复合物	土壤中的有机酸、腐植酸等配体	增加微量元素的溶解度和迁移性，影响生物可利用性
形态转化	微量元素在不同化学形态间的转化	硫化物、碳酸盐、磷酸盐等矿物形态	不同形态的微量元素对植物可利用性不同

(续表)

转化机制	特征	影响因素	影响结果
生物有效性的变化	微量元素被生物体吸收和利用的程度	土壤管理措施、环境条件	影响植物生长、动物健康和微生物活性

(三) 土壤微量营养元素的影响因素

土壤微量营养元素的可利用性受多种因素影响，包括土壤 pH 值、有机质含量、土壤结构和微生物活动等。土壤 pH 值的变化主要影响微量元素的溶解度和吸附能力，偏酸的土壤中铁、锰、锌、铜、硼有效性较高，而偏碱性的土壤中钼有效性较高。有机质可以与微量元素形成络合物，影响其可利用性。微生物活动可以改变微量元素的形态和可利用性。土壤质地不同，土壤中可能缺乏的元素也不同，如北方石灰性土易缺乏铁、锰、锌、铜元素，南方酸性红壤地区易缺乏钼。因此，土壤管理措施，如合理施肥、调节土壤 pH 值和增加有机质，对于提高土壤中微量元素的有效性至关重要。同时，植物对这些元素的需求也受到遗传特性、生长阶段和环境条件的影响。

1. pH 值

土壤的 pH 值对微量营养元素的可用性有显著影响。研究发现，土壤 pH 值与微生物多样性和金属元素有效性均有相关性，即使在去除土壤 pH 值干扰后，微量元素与土壤微生物的丰度、多样性和功能之间依然存在高度的关联性（Dai et al.，2023）。土壤 pH 值的变化直接影响微量营养元素的溶解度和化学形态。例如，在酸性条件下，某些元素如铝、锰等会形成可溶解的离子形态，在土壤中的移动性增加，但在碱性条件下则可能形成难溶的氢氧化物沉淀，其有效性降低（唐琨等，2013）。土壤 pH 值的变化会影响土壤的物理结构，如土壤团聚体的形成和稳定性。良好的土壤结构有助于维持适宜的 pH 值，从而促进微营养元素的有效性（王丽娜等，2022）。

2. 有机质

有机质与微量营养元素有效态多呈正相关，而与 pH 值呈负相关。有机质能提高土壤的保水保肥能力，从而影响微量营养元素的可用性。长期施肥可以提高土壤有机质和全氮含量，改善土壤肥力。土壤有机质通过增加土壤的孔隙度和改善土壤结构，提高土壤的保水和保肥能力，从而为微量营养元素的保持和有效性提供有利条件（潘剑玲等，2013）。土壤中的有机质可以与容易固定的微量营养元素形成复合物，减少这些元素与土壤其他成分如黏土矿物和氧化铁等的固定，从而提高其有效性。

土壤有机质可以与微量元素形成稳定的络合物，增加其在土壤溶液中的溶解度和移动性。同时，有机质的分解也会释放微量元素。有机质中的官能团（如羧基和羟基）可以与微量元素形成稳定的络合物，增加微量元素在土壤溶液中的溶解度和移动性。例如，有机酸（如柠檬酸、草酸）与铁、锌、铜等微量元素形成络合物，可提高其在土壤中的可利用性。某些有机质可以作为还原剂，影响土壤的氧化还原条件，进而影响微量元素的转化。例如，有机质的分解可以还原不溶性的铁和锰氧化物，释放出可溶性的铁和锰离子。

3. 微生物

微量元素与土壤微生物群落结构和功能有特有关联。土壤微生物繁殖与生物过程相关的多数细胞和酶都需要微量元素的参与，且变价元素如铁、锰对微生物组的影响程度大于铜、锌、钼、镍等非变价元素。微生物通过其代谢活动，如硝化和反硝化作用、硫的氧化还原反应、铁和锰的氧化还原循环等，影响土壤中微量营养元素的形态和有效性。这些过程会改变元素的化学形态，从而影响其在土壤中的溶解度、迁移能力和生物可利用性。微生物，尤其是真菌的菌丝体，可以促进土壤颗粒的团聚，改善土壤结构，增加土壤的孔隙度，从而影响水分和空气的流通，进而影响微量营养元素的有效性（Hartman et al.，2023）。一些微生物能够通过其代谢活动诱导碳酸盐矿物的沉淀，这种微生物诱导的碳酸盐沉淀（MICP）可以影响土壤的物理和机械特性，如降低导水性和增加抗剪强度，进而影响土壤中微量营养元素的行为和有效性（Philippot et al.，2023）。

4. 植物根系

植物根系在土壤微量元素的转化和循环中起着至关重要的作用。根系不仅吸收微量元素以供植物生长所需，而且通过分泌各种物质影响土壤环境，进而改变微量元素的形态、分布和生物可利用性。根系分泌的有机酸（如柠檬酸、草酸、苹果酸等）能够与土壤中的微量元素形成络合物，增加这些元素的溶解度和移动性。豆科植物的根瘤能够固定大气氮，增加土壤中氮的可利用性，间接影响微量元素的生物可利用性。菌根共生体能够提高植物对微量元素的吸收效率，尤其是对磷和锌的吸收。根系的生长和代谢活动能够改变土壤结构，增加土壤孔隙度，促进土壤中微量元素的迁移和交换。

5. 土壤结构

土壤结构影响水分和空气的流通，进而影响微生物活性和营养元素的循环。良好的土壤结构有助于根系发展和营养元素的吸收。

6. 水分

水分对土壤微量营养元素的影响主要体现在其可溶性和移动性上。适量的水分有助于营养元素向根系移动，但过量的水分可能导致营养元素的淋溶损失。

7. 温度

温度影响微生物活性和土壤化学反应的速率，进而影响微量营养元素的转化和有效性。适宜的温度可以促进微生物活动，提高营养元素的可用性。温度的升高通常会增加微量营养元素在土壤中的溶解度，从而提高其有效性。这是因为温度的增加通常会提高化学反应的速率，进而影响元素的溶解和迁移。例如，Reid 和 Racz 在

1985 年的研究表明，随着土壤温度从 10°C 增加到 25°C，DTPA 提取的锰的可提取性增强（Tziouvalekas et al.，2024）。温度的变化会影响土壤结构和水分状况，进而影响微量营养元素的迁移和分布。例如，在较高的温度下，土壤水分蒸发加快，可能会导致土壤水分减少，影响元素的迁移和植物的吸收。温度的变化可能会影响土壤的 pH 值和其他化学性质，这些变化会进一步影响微量营养元素的化学形态和有效性。

8. 时间

微量元素的转化可以在不同的时间尺度上发生，从几秒或几分钟的快速反应到几小时、几天甚至更长时间的缓慢过程。了解土壤微量元素的转化特征对于制定有效的土壤管理策略、提高植物营养效率和保护环境具有重要意义。通过调控土壤条件，可以优化微量元素的生物可利用性，从而促进植物健康生长。

四、土壤微量营养元素研究特点与趋势分析方法

利用文献计量学手段，特别是数学和统计学的方法，可以定量地分析土壤微量营养元素的研究进程、重点方向和变化趋势。通过分析中文文献（中国知网的中文学术期刊和学位论文出版总库）和英文文献（ISI Web of Science 核心合集数据库）来源，可分析土壤微量营养元素研究的时间序列、研究机构、关键词词频分析、共现聚类、关键词共现聚类、时间线图分析等。

（一）土壤微量营养元素研究的进程分析

基于土壤微量营养元素的文献数据，中英文检索式为"主题=＊＊＊"，文献类型为 Article 或 Review，为保证检索结果的学术性和高质量，对检索结果进行逐篇筛查，获得 CNKI 期刊和学位论文、WoS 核心合集英文论文等检索结果。分析 CNKI 期刊论文、学位论文及 WoS 核心合集中铁等微量营养元素首篇论文发表时间和最高数量，及其随年份变化趋势情况。同时，可对该主题所有论

文发表的中英文期刊进行分析，探明发文量较多的期刊以及优势领域。还可以对论文的发文机构进行分析，明确论文来源最多的国家机构及其在该领域总体研究实力情况。

(二) 土壤微量营养元素研究的重点方向

土壤铁等微量营养元素研究的重点方向，可利用关键词共现网络的聚类分析实现。共现网络的聚类分析是聚类方法在共现网络的具体应用，它是一种以微量营养元素关键词共现强度为基本计量单位，对特定的关键词共现集合进行分类聚合的定量处理技术。利用这种技术，可以将联系紧密的节点划分为不同的节点子群，并且依据相关网络指标定量计算出子群与子群之间的距离，距离大小体现了联系程度，进而生成某研究领域的共现网络聚类图，从而进一步攫取共现网络中的信息。采用 CiteSpace 技术，对文献中的关键字共现网进行了聚类分析，得到了相应的可视化视图。关键词共现网络聚类图中，节点代表关键词，节点与节点之间若有连线，则表示同为某文献的关键词。聚类标签算法从标题、关键词和摘要中抽取得到。网络的模块化是一种对其总体结构的全局性度量，利用模块化 Q 值和平均轮廓值能够评价整个网络结构性能。聚类交互叠错、联系较紧密，可弄清其重点研究方向，如微量营养元素肥料的释放机制、利用效率以及生理特性等。

(三) 土壤微量营养元素研究的变化趋势

对于土壤铁等微量营养元素研究的变化趋势，可通过时间线图以及研究领域的突现词进行分析。时间线图将每一个聚类类别的文献按时间顺序从左到右依次排列出来，直观反映了各个研究热点随时间的演变情况。以引文发表年份为 X 轴、聚类编号为 Y 轴，对每个聚类，可以清楚了解其相关文献的情况。在某聚类中，文献的数量越多，表明此聚类领域就越重要。通过时间线图，可以得知某领域较早开展研究的时间点，同时通过#聚类的数据数量变化，弄清楚某聚类领域的重要性及时间跨度。此外，为分析土壤微量营养元素研究趋势，进一步提取研究领域的突现词进行分析尤其是排列前 20 位左右的突现词。通过分析第一时间阶段、第二时间阶段及第三时间阶段变化，明确不同阶段土壤微量营养元素研究的变化特征，可深化对其研究的认识，为今后该领域的研发和应用指明方向。

第二章 土壤铁营养研究特点与趋势

一、土壤铁循环与转化特点

(一) 土壤铁丰缺状况

铁（Fe）是植物生长所必需的微量元素之一，对于植物的光合作用、呼吸作用、氮固定、DNA 合成以及许多酶的活性都至关重要。我国土壤中铁的全量（即土壤中总铁含量）通常较高，因为铁是地壳中含量较多的元素之一。全铁量通常与土壤的母岩成分、风化程度和成土过程密切相关，土壤中全铁含量较高，远远高于土壤中其他微量元素的含量，为 1.05%～4.84%，平均为 2.94%。土壤中的全铁含量不能完全反映土壤供铁状况，有效铁是指土壤中可被植物直接吸收利用的铁形态，有效铁（DTPA-Fe）含量常常用来表征土壤供铁状况，通常用的临界值为 4.5 mg/kg，而土壤中的有效铁含量（即可被植物吸收利用的铁）通常较低，因为铁在土壤中主要以难溶的氧化物形态存在，特别是在碱性和中性土壤中。有效铁含量的标准因作物的敏感性和土壤特性而异。例如，对于敏感性较高的作物，有效铁含量的临界值可能在 5～10 mg/kg，而对于耐铁性较强的作物，这个数值可能更高。土壤中铁的含量在不同地区和土壤类型间差异较大。有效铁含量低的土壤主要分布在北方地区，尤其是土壤 pH 值比较高的石灰性土壤。由于土壤中铁的有效性受很多环境因素的影响，如土壤 pH 值、$CaCO_3$ 含量、Eh 等，因此，在我国南起四川盆地，北至内蒙古高原、东自淮北平原、西到黄土高原及甘肃、青海、新疆等地都有缺铁现象发生（邹邦基等，1985）。

目前，没有一个统一的国际标准来定义土壤中铁的丰缺状况，因具体数值会受到作物种类、土壤类型、气候条件和农业实践等多种因素的影响。表 2-1 中土壤有效铁含量仅供参考。

表 2-1　土壤铁丰缺状况

有效铁含量/（mg/kg）	状况	备注
<5	非常缺乏	可能需要通过叶面喷施或土壤施用铁肥来矫正
5~20	缺乏	对于敏感作物可能需要补充铁
20~40	适中	一般情况下可以满足大多数作物的需求
40~60	充足	通常不需要额外补充铁
>60	过量	可能会导致营养失衡或其他负面环境影响，如铝的固定增加等

土壤中铁的丰缺状况受到土壤 pH 值的显著影响，因 pH 值会影响铁的溶解度和植物的吸收。在 pH 值较高的碱性土壤中，铁的有效性通常会降低，即使全铁含量较高，植物也可能表现出缺铁症状。有研究认为高 pH 值会抑制植物对缺铁做出反应，降低根系中 AHA 质子泵活性。但更多研究认为高浓度 HCO_3^- 导致根际环境 pH 值升高，抑制植物根系伸长并降低根压使铁在植物体内运输受阻，铁营养在叶中分布不均，叶片表现黄化；又对根细胞质膜造成伤害，抑制 Fe^{3+} 的还原；还可能增加植物根系 CO_2 的固定和有机酸的合成（郑毅等，2000；翟丙年等，2002）。土壤中全铁含量的变化幅度较大，但大多在 2% 以上，远远高于植物的需求量。具体土壤类型的铁含量有所不同，如灰漠土、棕钙土、黑钙土、褐土、棕壤、黄壤、红壤、砖红壤和紫色土等的铁含量各有差异。土壤类型的铁含量范围大致如下：灰漠土，1.45%~3.03%；棕钙土，1.74%~3.10%；黑钙土，1.80%~3.50%；褐土，2.57%~3.65%；棕壤，2.14%~3.65%；黄壤，1.87%~4.57%；红壤，

2.09%~5.47%；砖红壤，0.98%~3.08%；紫色土，2.71%~4.11%。从全国范围来看，土壤有效铁的丰缺状况存在较大的区域变异。北方和西北地区的部分土壤存在缺铁现象，而西南和长江中下游地区的土壤有效铁含量相对较高。这种差异主要受土壤类型、气候条件、施肥管理等因素的影响。为了改善土壤铁的丰缺状况，可以采取合理的施肥措施，如增施有机肥、补充铁肥等，以提高土壤有效铁的含量和作物的铁素营养水平。

(二) 土壤铁的循环与转化

铁投入主要来源于矿物风化、大气沉降、有机肥施用和化肥施用。矿物风化是铁进入土壤的主要自然途径，而农业活动如施用有机肥和化肥也会带入铁。铁的投入物质主要包括铁矿石、铁肥（如硫酸亚铁、螯合铁等）以及含有铁元素的有机物料（如绿肥、畜禽粪便等）。铁的投入量因地区、土壤类型、作物需求及施肥管理等因素而异。研究表明，铁肥的使用量在中国农业生产中相对较低，通常在每公顷几千克到几十千克的范围内。中国土壤肥料年鉴和中国农业统计年鉴的数据显示，在一些特定作物（如水稻、豆类等）种植区域，铁肥的使用量可能会增加，以满足作物对铁的需求。在南方地区（如广东、广西、湖南等），由于土壤酸性和铁的生物有效性问题，铁肥的使用相对较多；在北方地区（如黑龙江、内蒙古等），由于土壤类型和气候条件的不同，铁肥的使用量可能较少。

土壤中的铁以多种形态存在，主要包括水溶态、交换态、配位吸附态、有机结合态、氧化物和碳酸盐结合态、矿物态等。这些形态的铁在土壤中的移动性和对植物的有效性各不相同。土壤铁的有效性是指土壤中可被植物直接吸收利用的铁形态的含量。而土壤类型和环境条件的变化对土壤中铁的循环有显著影响。例如，在湿润的土壤中，铁可以促进有机质的分解，这可能会抵消其对有机碳的保护作用。不同类型的土壤，如石灰性土壤，铁肥的形态转化及其供铁机理也不同。长期施肥会影响铁的形态和有效性,刘侯俊等(2017)研究结果显示,对于有效铁而言,与不施肥的对照处理相比,所有施肥处理,土壤有效铁含量都有不同程度的增加,增加幅度分别为氮(N)44.1%、氮+磷(NP)50.4%、氮+磷+钾(NPK)34.6%,有机肥(M)130.0%、有机肥+氮(MN)98.2%、有机肥+氮+磷(MNP)94.2%、有机肥+氮+磷+钾(MNPK)114.3%,增施有机肥的处理增加幅度更大。

影响土壤铁有效性的因素包括土壤pH值、有机质含量等。研究发现,北方土壤缺铁与pH值较高有密切关系,因为在高pH值条件下铁化合物较难溶解。土壤有机质对铁的有效性有复杂影响。有机质含量高的土壤通常能提供更好的土壤环境,促进铁的有效性提高。土壤的氧化还原状况对变价元素铁的有效性影响较大。还原条件下,有效态铁的含量增多,有效性提高。土壤含水量高或通气不良时,土壤还原性增强,通常使可溶性铁增加。但在石灰性土壤中,过高的湿度或通气不良反而可能诱导作物缺铁失绿症。此外,铁的有效性还受到土壤中其他矿物质的影响,如黏土矿物和氧化物。这些矿物质可以吸附铁,形成铁的储备库,影响铁的生物可利用性。铁的氧化还原状态也是影响其有效性的重要因素,因为铁的氧化态会影响其与土壤中其他成分的相互作用。

(三)作物对土壤铁的吸收利用

土壤中铁的形态和有效性对作物生长至关重要。铁是植物生长发育必需的微量元素之一,广泛参与植物的叶绿素合成、光合作用、呼吸及电子传递等重要过程。植物吸收利用的主要是二价铁(Fe^{2+}),它在植物体内可以运输到各个部位,成为叶绿素和许多酶的组成部分,对作物的生长发育及产量品质有显著影响。植物通过根系吸收土壤中的铁,主要通过根系细胞的铁还原酶将三价铁(Fe^{3+})还原为二价铁(Fe^{2+}),然后通过如IRT1(iron-regulated transporter 1)之类的转运蛋白被吸收进入植物体内,并通过木质部向上运输到植物的各个部位。在运输过程中，铁可能与其他物质结合形成螯合物，以提高其在植物体内的稳定性和移动性。铁在植物体内是许多重要化合物的组成部分，包括叶绿素、酶类、呼吸链中的电子传递体等。铁还参与植物体内的氧化还原反应、氮素代谢和光合作用等生理过程。铁是植物正常生长不可或缺的微量元素之一。铁在植物体内的分配受到严格调控，优先供应给生长活跃的组织，吸收的铁 90%以上存在于叶肉细胞中，因此叶绿体是植物细胞中最大的铁库（周晓今等，2012）。铁不仅是叶绿素的组成部分，还参与了许多酶的活性中心，对植物的光合作用、呼吸作用和 DNA 合成等过程至关重要。土壤铁对不同作物影响不同，缺铁会导致植物出现黄化症状，叶肉中栅栏组织的分化不能正常进行，叶绿体体积变小，进而影响叶绿素的合成，最终影响光合作用和生长。严重缺铁时，植物生长受阻，产量下降（Ning et al.，2023）。然而，铁过量同样会对植物造成伤害，如铁中毒的症状表现为老叶上有褐色斑点，根部呈灰黑色，易腐烂等（Harish et al.，2023）。缺铁黄化是石灰性土壤和碱性土壤上作物产量进一步提高的重要限制因子，特别是对一些对铁敏感的园艺作物和农作物，如苹果、葡萄、桃、柑橘、花生、大豆、高粱等（何绪生，2002）。另外，还有一些是生理缺铁黄化，如在一些水稻土壤上，过量锰的摄入，使得 Fe/Mn 下降，导致缺铁及产量下降（黎晓峰等，1995）。适量施用铁肥可以改善缺铁症状，提高作物的铁营养水平，从而提高产量和品质。但是，过量施用铁肥可能导致铁中毒，对作物产生毒害作用。

一般而言，植株体内具有能够调控铁营养的复杂系统，在缺铁和铁过量情况下，通过严格控制对铁的吸收利用和分配，维持体内铁的稳定性（Nabila et al.，2021；李文凤等，2021）。在缺铁胁迫下，植物进化出不同的高效吸收策略，包括受植物体内铁营养状况调节的适应性机理和不受植物体内铁含量影响的非适应性机理。根据物种间的差异，将适应性机理分为策略Ⅰ和策略Ⅱ两种类型

（表 2-2）。策略 I 植物包括大豆、花生等双子叶和单子叶非禾本科植物，这类植物在生长中容易出现缺铁黄化现象，主要通过根系质膜上 H^+-ATPas（AHA）质子泵分泌酸，使根际环境 pH 值降低，增加铁的可溶性（张林琳等，2021）。单子叶禾本科植物属于策略 II 植物，这类植物不受根际 pH 值的影响，所以在碱性生长环境中黄化现象不明显，缺铁时主要通过酶促反应合成和分泌大量麦根酸类物质，并与根际环境中 Fe^{3+} 结合形成植物铁螯合物，经过根细胞表面的 YSL 铁复合物吸收蛋白，跨膜运输直接吸收进入根系（Bashir et al., 2010; Beasley et al., 2017）。

表 2-2 策略 I 和策略 II 植物对铁缺乏或过量的适应性机理

适应性机理	机制	植物种类
策略 I（以 Fe^{2+} 吸收为主）	通过诱导侧根形成、扩大根系还原和转运 Fe 的表面积、增加根系向外分泌 H+、提高环境还原能力、活化根际的难溶性 Fe、激发根系细胞的 Fe 吸收系统等协同作用来改善根系对 Fe 的吸收	大豆、黄瓜、花生、向日葵等
策略 II（以 Fe^{3+} 吸收为主）	缺 Fe 时通过一系列的酶促反应诱导合成和分泌大量的高亲和铁的麦根酸类植物铁载体，增加难溶性 Fe 的溶解、活化和螯合能力，形成稳定的八面体 Fe^{3+} 与麦根酸类铁载体的螯合物，并迁移到根系质膜	玉米、高粱、麦类作物等
策略 I 和策略 II（水稻可采用两种方式）		水稻

农业生产中矫正缺铁的方法很多，如施用铁肥，包括土壤施用、浸种（杨卫韵等，2004）、叶面喷施等。由于铁肥施到土壤中或叶面喷施，有效性降低，因此这两种方法的效果都不是很好，因此，一些简单有效的方法应运而生，如茎秆注射（Fe^{2+}）、根系输液、枝条输液等，这些方法主要应用于果树缺铁矫正，效果非常好。对于粮食作物而言，缺铁仍然是一个普遍的营养缺乏问题，因

此，一些生物学措施被用在农业生产中改善大田作物的铁营养状况，如间套作。特别是玉米—花生间作可显著改善花生的铁营养状况，提高产量（Zuo et al.，2000）其原因主要是玉米在铁供应不足的条件下，根分泌物（铁载体）增加，根际土壤中铁有效性增加，因此，花生铁营养得到改善，不仅表现在花生产量的提高，而且花生果实中铁的含量也显著增加（Zuo et al.，2000）。这一结果启示我们，可以挖掘一些农业措施来改善双子叶植物的铁营养状况，例如将果树与禾本科作物间作等。另外，氮素形态对植物铁的吸收、在体内的分配和再转移都有很大的影响。研究表明，与供应硝态氮相比，铵态氮供应显著提高了体内铁的再转移，新叶中 Fe 所占比例显著增加，尤其是在铁供应不足的条件下，大约 25%的铁被转移到新生叶中，供植物生长发育所用。该结果表明，植物体内铁可以在一定程度上再利用，但取决于植物的铁营养状况和氮素供应形态等外界因素（Zou et al.，2001）。因此，在生产中适当施用铵态氮肥，有利于改善作物的铁营养状况。

当前市场上普遍应用的铁肥种类多样，主要包括硫酸亚铁、硫酸铁、柠檬酸铁、氯化铁等无机铁盐类，以及 Fe-EDTA、Fe-EDDHA等螯合态铁肥。然而，鉴于螯合态铁肥的成本较高，其应用通常局限于叶面喷施的特定场景。相比之下，无机铁盐中，二价铁在肥效上优于三价铁。施肥方式涵盖了土壤施用与叶面喷施两种，其中，叶面喷施因其独特的优势，通常能带来更为显著的肥效。

(四) 土壤铁的环境分析

铁是地壳中含量第四的元素，其氧化还原性质活跃。研究发现其因与物质转化、污染物降解、重金属的吸附与解吸附等密切相关而受到重视（宋旭昕，2021）。自然状态下土壤中的铁会快速氧化而以氧化铁的形态存在，土壤中氧化铁的形态包括无定型态氧化铁（FeO）、游离态氧化铁（Fed）和络合态氧化铁（Fep）。无定型态氧化铁是指能用草酸铵提取的氧化铁，其活性较高，比表面积较大；游离态氧化铁是指能用连二亚硫酸钠-柠檬酸钠-碳酸氢钠提取的氧化铁，是土壤中排除在层状硅酸盐组成部分之外的铁；络合态氧化铁则是能被焦磷酸钠提取的氧化铁，能与土壤腐殖质形成络合物。

铁的缺乏主要发生在北方的干旱和半干旱地区，主要是因为这些地区的土壤 pH 值和 $CaCO_3$ 含量比较高，从而导致土壤有效铁比较低。另外，在一些砂质、磷肥用量很高、通气状况不良的土壤上也常常缺铁（何绪生，2002）。事实上，作物铁的缺乏不是由于土壤中铁的总量不足，而是各种因素影响土壤中铁的生物有效性以及作物对铁的吸收导致的，如土壤溶液中铁的浓度介质 pH 值、介质中磷的浓度、$CaCO_3$ 含量、作物基因型等。溶液中 Fe^{2+}、Fe^{3+} 的浓度直接影响根系对铁的吸收数量和速率。尽管多数土壤中全铁含量较高，但可被植物吸收的可溶性铁含量却很低，在石灰性土壤上仅为 1×10^{-10} mol/L，且主要以 Fe^{3+} 为主，而 Fe^{3+} 的溶解度极低，受 pH 值的影响很大，pH 值每降低 1 个单位，铁的溶解度增加 1 000 倍（Lindsay and Schwab，1982）。

土壤中铁含量的变化，尤其是过量存在时，会对环境产生多方面的深远影响。首先，就大气环境而言，土壤中高浓度的铁离子在特定条件下可能通过风蚀、水蚀等自然过程释放到大气中，形成气溶胶或颗粒物，降低空气质量，对人类健康构成潜在威胁，如引发呼吸系统疾病。其次，过量的铁对土壤生态系统也会构成显著威胁。土壤微生物是维持土壤健康与肥力的关键，它们对铁元素的敏感性较高。土壤中铁含量过高，会破坏微生物群落的平衡，抑制有益微生物的活性，从而影响土壤的养分循环和生物降解过程。这不仅降低了土壤的肥力，还可能加剧土壤污染问题。对于土壤中的动物而言，铁过量同样是不利的。土壤动物如蚯蚓、昆虫等是土壤生态系统的重要组成部分，它们对土壤结构和养分的循环起着关键作用。然而，高浓度的铁可能通过食物链积累在土壤动物体内，对其造成毒害作用，进而影响整个生态系统的稳定性和多样性。

综上所述，土壤中铁含量的变化及其过量存在对大气、土壤微生物、动物等多个方面均产生了不可忽视的环境影响。因此，需要加强对土壤中铁元素的研究和监测，制定合理的土壤管理措施，以维护土壤生态系统的健康和稳定。为了应对土壤中铁含量过高带来的环境问题，可以采取一系列的治理措施。首先，可以采用植物修复技术，选择对铁有高吸收能力的植物进行种植，通过其生长过程中的自然吸收和转化，减少土壤中铁的含量。这种生物修复方法不仅环保，还能改善土壤结构，增加土壤的肥力。其次，物理化学方法也是有效的选择之一。例如，使用化学沉淀法来降低土壤中的铁浓度，通过添加特定的化学试剂来与铁离子反应形成不溶性沉淀，从而将其从土壤中移除。这种方法通常适用于铁污染较为严重的土壤。

除直接治理外，预防措施也不容忽视。农业活动中应避免使用含铁量过高的肥料和农药，合理灌溉和轮作，以减少土壤中铁的积累。同时，加强对工业排放的监管，防止含铁废水未经处理就排放到环境中，这也是预防土壤铁污染的重要措施。通过综合运用这些策略，我们可以有效地控制和减少土壤中铁含量的增加，保护环境免受其带来的负面影响。这需要政府、企业和公众的共同努力，以实现可持续的土壤资源管理和环境保护。

二、土壤铁营养研究的进程分析

本研究关于土壤铁营养的文献数据主要来源于两个方面。英文文献部分，笔者以 SCI-E（Science Citation Index Expanded，2001年至今）数据库作为核心数据源。中文文献方面，则依托于中国知网的中文学术期刊和学位论文出版总库。通过检索，笔者共收集到 371 篇 CNKI 期刊论文和 117 篇 CNKI 学位论文。相比之下，WoS 核心合集自 2001 年以来收录的英文论文数量显著超过 CNKI 中文期刊论文，总计 1 973 篇。如图 2-1 所示，CNKI 期刊上关于土壤铁营养的首篇论文发表于 1965 年。CNKI 期刊论文自 1965 年至

2015 年呈上升趋势，其中 2015 年发文量最多，为 22 篇，说明这一阶段国内对于土壤铁营养的研究处于高峰时期；2016 年以后土壤铁营养期刊论文发表数量维持在 10 余篇。CNKI 中学位论文的数量随年份的增加呈波动上升趋势，有关土壤铁营养的学位论文数量在 2009 年、2015 年、2019 年最高，均为 10 篇。WoS 核心合集论文 2001 年以来关于土壤铁营养的研究，总体上发文量随时间的增长呈现上升的趋势，2017 年以来，英文论文数量在 100 篇以上。

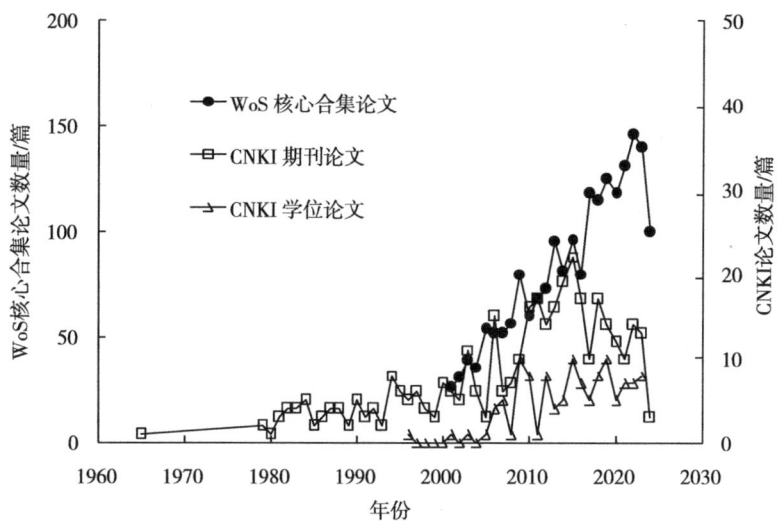

图 2-1　土壤铁营养研究论文随时间分布

对研究机构的分析可以对土壤铁营养研究机构领域强势研究机构进行挖掘，CNKI 数据库中土壤铁营养研究期刊论文和学位论文发表数量排前 20 位左右的研究机构如表 2-3 所示。期刊论文和学位论文发表机构均显示，在土壤铁营养研究领域的主要研究机构为农林类科研机构，中文期刊论文发文量较多的研究机构分别为西北农林科技大学和中国科学院南京土壤研究所，分别为 20 篇和 14 篇。学位论文发文量超过 20 篇为西北农林科技大学，在土壤铁营

表 2-3 土壤铁营养研究机构分布

编号	期刊论文 研究机构	数量	学位论文 研究机构	数量	WoS 核心合集论文 研究机构	数量
1	西北农林科技大学	20	西北农林科技大学	21	Centre National de la Recherche Scientifique	123
2	中国科学院南京土壤研究所	14	山东农业大学	6	Chinese Academy of Sciences	105
3	沈阳农业大学	9	西南大学	6	Institut de Recherche pour le Developpement	55
4	山西农业大学	7	浙江大学	6	CNRS – National Institute for Earth Sciences & Astronomy	52
5	西南大学	7	贵州大学	5	INRAE	43
6	中国科学院沈阳应用生态研究所	6	河北农业大学	5	University of Chinese Academy of Sciences, CAS	39
7	中国科学院水利部水土保持研究所	6	南京农业大学	5	Egyptian Knowledge Bank	37
8	中国农业大学	6	华中农业大学	4	United States Department of Energy	34
9	新疆农业大学	6	中国地质大学（北京）	4	Russian Academy of Sciences	32
10	河南农业大学	5	安徽农业大学	3	Helmholtz Association	31
11	海南大学	5	福建师范大学	2	Universite de Toulouse	30

(续表)

编号	期刊论文		学位论文		WoS 核心合集论文	
	研究机构	数量	研究机构	数量	研究机构	数量
12	北京农学院	4	河南科技大学	2	Universidade de Lisboa	29
13	中国科学院水利部成都山地灾害与环境研究所	4	河南农业大学	2	Universite Toulouse III – Paul Sabatier	28
14	新疆师范大学	4	吉林农业大学	2	Universite de Rennes	27
15	山东省农业科学院	3	兰州大学	2	Swiss Federal Institutes of Technology Domain	27
16	商洛学院	3	内蒙古大学	2	Consejo Superior de Investigaciones Cientificas	27
17	中国地质大学(北京)	3	山东大学	2	China University of Geosciences	26
18	华中农业大学	3	四川农业大学	2	University of California System	24
19	河北省平山县农业局	3	西安理工大学	2	United States Department of Agriculture	24
20	四川农业大学	3	新疆农业大学	2	Universite Paris Cite	23
21			中国地质大学	2	Universite Paris Saclay	23
22			中国农业科学院	2		

养领域成果斐然。WoS 核心合集土壤铁营养方面发表论文数量排前 20 位左右的研究机构，来自我国的机构有 3 个，其中中国科学院发表 105 篇，显示了其在此研究领域的科研实力。

通过分析国内研究期刊数据显示，有关土壤铁营养研究 CNKI 期刊论文共发表在 215 个中文期刊中，发表论文数量排前 20 位的期刊如表 2-4 所示，基本以农林类期刊为主，发文量超过 10 篇的期刊有 3 个，分别为《土壤通报》《植物营养与肥料学报》《土壤学报》等期刊，显示了该研究领域发表论文较高的研究水平。国内土壤铁营养研究在期刊发表方面取得了显著成果，不仅数量多、质量高，而且研究领域广泛、研究方法多样。这些成果不仅丰富了土壤科学的理论体系，也为农业生产实践提供了有力的支持。我们通过分析国际研究期刊数据显示，1 973篇 SCI 英文论文共发表在 496 个国际期刊上，发表论文数量排前 20 位的期刊如表 2-4 所示，基本还是以农林类期刊为主。

表 2-4　土壤铁营养研究文献期刊分布

编号	中文期刊		英文期刊	
	名称	论文数量	名称	论文数量
1	土壤通报	15	Science of the Total Environment	102
2	植物营养与肥料学报	14	Geochimica et Cosmochimica Acta	60
3	土壤学报	10	Geoderma	58
4	西南农业学报	7	Environmental Science and Pollution Research	56
5	安徽农业科学	6	Applied Geochemistry	52
6	土壤	6	Environmental Monitoring and Assessment	49
7	土壤肥料	6	Chemical Geology	43
8	现代农村科技	6	Chemosphere	39
9	山东农业科学	5	Environmental Science & Technology	38

(续表)

编号	中文期刊		英文期刊	
	名称	论文数量	名称	论文数量
10	中国农学通报	5	*Environmental Earth Sciences*	38
11	草业科学	4	*Environmental Geochemistry and Health*	35
12	干旱地区农业研究	4	*Communications in Soil Science and Plant Analysis*	35
13	湖北农业科学	4	*Environmental Pollution*	33
14	南方农业	4	*Journal of Geochemical Exploration*	31
15	农业与技术	4	*Water Air and Soil Pollution*	29
16	中国土壤与肥料	4	*Journal of Soils and Sediments*	28
17	甘肃农业科技	3	*Journal of Hazardous Materials*	24
18	贵州农业科学	3	*Catena*	24
19	河南农业	3	*Ecotoxicology and Environmental Safety*	21
20	华中农业大学学报	3	*International Journal of Environmental Research and Public Health*	15
21	江苏蚕业	3	*Biological Trace Element Research*	15
22	农业科技与信息	3	*Fresenius Environmental Bulletin*	15
23	山西农业大学学报（自然科学版）	3		
24	生态学杂志	3		
25	土壤学进展	3		
26	现代农业科技	3		
27	应用生态学报	3		
28	浙江农业科学	3		
29	中国南方果树	3		
30	中国农业科学	3		

三、土壤铁营养研究的重点方向

选取中外文文献数据中每个时间切片（1年）中前20个关键词绘制共现图谱，如图2-2所示，同时将频次较高的关键词列在表2-5。共现分析法是将一对词语在同一文献中出现的数量进行两两统计，并以此来度量二者的亲疏程度，以便更好地了解领域研究的进程，从而揭示研究的结构。共现网络中关键词与关键词之间交错纵横，说明国内对铁营养的研究所涉及的领域较广。对国内铁营养的研究文献进行关键词分析，获得最高频关键词。一般认为，关键词出现频次高、中心性强的为研究热点（刘婧，2004）。经统计发现，国内土壤铁营养研究关注热点是微量元素（112）、土壤（51）、土壤养分（26）、有效铁（18）、小麦（16）等。这些热点反映了当前国内铁肥研究领域的几个重要方向。其中，微量元素作为核心关键词，表明研究者们对铁作为植物必需的微量元素之一的重要性有着深刻的认识。土壤及其养分的研究则是铁肥应用效果评估的基础，有效铁的测量和监测则是评价铁肥效果的重要手段。小麦作为常见的农作物之一，其铁营养状况对粮食安全和人体健康具有重要影响，因此也成为研究的重要对象。进一步分析发现，这些热点关键词之间存在一定的关联性和互补性。例如，土壤养分的研究可以为有效铁的测量提供基础数据，而有效铁的测量则可以为小麦等农作物的铁营养状况提供评估依据。同时，微量元素的研究也有助于揭示铁在植物体内的生理功能和代谢机制，为铁肥的研发和应用提供理论依据。

国外对铁营养的研究所涉及的领域较广，对国外铁营养的研究文献进行关键词分析，获得最高频关键词。经统计发现，国外铁营养研究关注热点是 trace elements（889）、heavy metals（560）、iron（380）、soils（250）、speciation（229）等。国外学者在铁肥研究领域展现出了对微量元素、重金属、土壤中铁的形态以及分布等方面的浓厚兴趣。关于"trace elements"的研究充分说明了微量元素

图 2-2　土壤铁营养研究中英文文献数据的关键词共现网络

在铁肥效能及环境效应中的重要作用。同时,"heavy metals"的关注度也不容忽视,这表明在铁肥研发与应用过程中,必须严格控制重金属含量,确保其生态安全性。进一步分析,"iron"作为铁肥的主要成分,其研究频次虽不及微量元素和重金属,但仍是铁肥研究的核心。而"soils"则体现了土壤环境对铁肥效能的影响,土壤理化性质、微生物活动等因素都可能影响铁肥的释放与吸收。至于"speciation",它关注的是铁在土壤中的存在形态,这对于理解铁肥的转化机制及提高利用率具有重要意义。国外铁肥研究在关注热点上呈现出多元化、深入化的特点,既注重铁肥的基本性质与功能,又关注其在土壤-植物系统中的行为与效应。

表 2-5　土壤铁营养研究文献数据的高频关键词

编号	中文文献			英文文献		
	关键词	频次	中心度	关键词	频次	中心度
1	微量元素	112	0.6	trace elements	889	0.02
2	土壤	51	0.31	heavy metals	560	0.01
3	土壤养分	26	0.14	iron	380	0.04
4	有效铁	18	0.05	soils	250	0.06
5	小麦	16	0.08	speciation	229	0.06

(续表)

编号	中文文献			英文文献		
	关键词	频次	中心度	关键词	频次	中心度
6	产量	16	0.08	soil	204	0.07
7	水稻	15	0.1	trace metals	183	0.05
8	玉米	12	0.08	cadmium	179	0.06
9	影响因素	10	0.03	sediments	167	0.05
10	空间变异	10	0.04	zinc	159	0.05
11	施肥	9	0.03	organic matter	157	0.08
12	有效锰	8	0.01	copper	147	0.04
13	有效锌	8	0.03	accumulation	141	0.05
14	有效铜	8	0.05	adsorption	136	0.06
15	品质	8	0.04	lead	131	0.09
16	土壤肥力	8	0.01	contamination	125	0.04
17	评价	8	0.02	pollution	121	0.03
18	空间分布	7	0.04	sequential extraction	115	0.06
19	有机质	7	0.03	fractionation	112	0.05
20	微肥	7	0.04	rare earth elements	107	0.06

由图 2-3 CNKI 文献结果显示，国内铁营养文献关键词共现网络共形成 10 个聚类，标识了该研究领域的知识基础结构及其动态

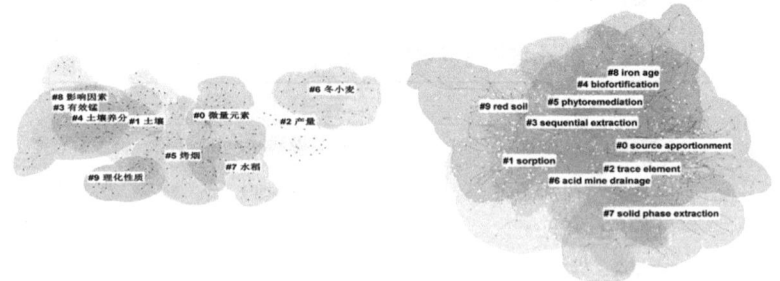

图 2-3　土壤铁营养研究中英文文献数据的关键词聚类图谱

演进的过程。聚类交互叠错、联系较紧密，主要聚焦于铁肥料养分释放、利用率以及生理特性等。由 WoS 核心合集英文文献结果显示，国外铁营养文献关键词共现网络共形成 10 个聚类，标识了该研究领域的知识基础结构及其动态演进的过程。

四、土壤铁营养研究的变化趋势

土壤铁营养研究文献样本关键词时间线图可展现各聚类发展演变的时间跨度和研究进度。共现网络聚类结果的时间线图，以引文发表年份为 X 轴、聚类编号为 Y 轴，在每个聚类中，可以清楚地获得文献的情况，文献的数量越多，表明所获得的聚类领域就越重要（张超等，2020）。如图 2-4 所示，在 CNKI 数据库中，从 1985 年开始，就出现了较早的关于铁营养的研究文献，由图 2-4 可以看出，从#0 到#4 聚类的数据数量都是相对较多的，这说明了这些聚类领域的重要性，并且时间跨度都很大。关键微量元素（0.6，#0）、土壤（0.31，#1）、土壤养分（0.14，#4）等词中心度>0.1，这些词往往为连接不同领域的关键枢纽。在 WoS 核心合集英文数据库中，#0 source apportionment、#1 sorption、#2 trace element、#3 sequential extraction、#4 biofortification 这 5 个聚类中引线较多，说明这 5 个聚类中文献较多，显示了这些聚类领域很重要，且时间跨度较大。可以说，这几组标识词基本概括了国外铁营养的主要研究方向及达到的效果，也代表了研究热点的发展情况和结构变化情况。

为验证铁营养研究热点的识别结果，分析研究趋势，提取铁营养研究领域的突现词进行分析。表 2-6 中显示中文文献中前 20 个突现词。在 1994—2014 年这一阶段，国内研究主要集中在有效铁及其与其他土壤微量元素如有效锌、有效锰等之间的相互作用上。这些微量元素之间的平衡关系对土壤生态系统的稳定性产生重要影响。在 2015—2024 这一阶段，国内对铁营养的研究主要集中在其对土壤养分整体含量的影响及其对作物的生物强化作用上。在这一

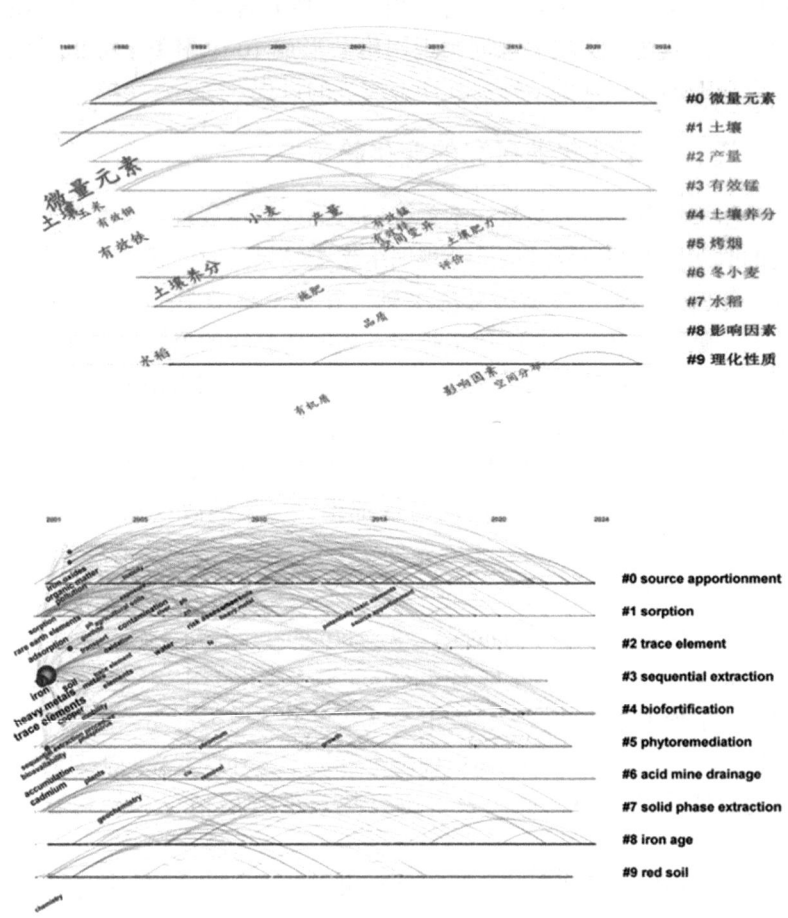

图 2-4　土壤铁营养研究中英文文献数据的时间线图

阶段的研究深入探讨了铁肥在改善土壤养分结构、提高土壤肥力方面的作用机制,揭示了铁肥对作物生长的积极影响,关注了铁肥在作物生物强化方面的潜力。这些研究将为铁肥的精确施用提供科学

表 2-6 土壤铁营养研究中英文文献数据的突现词

语种	突现词	年份	强度	开始年份	结束年份	突现时间段 1979—2024
中文	分布	1994	1.94	1994	1997	
	有效锰	2007	2.73	2007	2011	
	有效锌	2007	2.03	2007	2011	
	评价	2011	2.91	2011	2016	
	有效铁	1990	2.39	2011	2012	
	地统计学	2006	1.88	2011	2015	
	有机质	2002	1.58	2011	2017	
	土壤肥力	2012	3.12	2012	2015	
	土壤养分	1994	2.39	2013	2016	
	有效态	2014	1.60	2014	2015	

(续表)

语种	突现词	年份	强度	开始年份	结束年份	突现时间段 1979—2024
中文	空间分布	2015	3.35	2015	2018	
	成土母质	2015	1.56	2015	2017	
	产量	2003	2.16	2016	2020	
	玉米	1988	1.73	2016	2018	
	品质	2006	1.65	2017	2022	
	影响因素	2012	2.83	2019	2024	
	生物强化	2020	1.61	2020	2024	
	小麦	1999	2.22	2021	2022	
	空间变异	2008	1.74	2022	2024	

(续表)

语种	突现词	年份	强度	开始年份	结束年份	突现时间段 2001—2024 年
英文	sewage sludge	2001	5.85	2001	2010	
	zinc	2001	5.49	2001	2007	
	sorption	2001	5.39	2001	2011	
	copper	2002	12.99	2002	2012	
	extraction	2002	6.62	2002	2007	
	iron	2001	6.30	2004	2005	
	samples	2001	5.53	2007	2013	
	humic substances	2008	5.96	2008	2015	
	sequential extraction procedure	2002	5.88	2011	2016	
	drinking water	2006	5.55	2015	2021	

(续表)

语种	突现词	年份	强度	开始年份	结束年份	突现时间段 2001—2024 年
英文	heavy metal	2009	5.59	2016	2018	
	water	2006	9.05	2018	2019	
	health risk assessment	2018	5.38	2018	2024	
	zero valent iron	2019	5.95	2019	2022	
	heavy metal pollution	2012	5.34	2020	2024	
	nitrogen	2021	6.57	2021	2024	
	spatial distribution	2018	5.85	2021	2024	
	transformation	2006	5.62	2021	2024	
	health risks	2021	5.13	2021	2024	
	toxic elements	2022	5.30	2022	2024	

依据，促进铁肥在农业中的合理利用，以实现粮食安全和环境保护的双重目标。通过分析外文文献前 20 个突现词发现，2001—2010年这一阶段，国外研究者们聚焦于铁肥的性能与应用的同时，还深入研究了农业废弃物中微量元素回收利用，该阶段的研究不仅丰富了铁肥领域的理论知识，也为农业可持续发展提供了重要的技术支持和实践参考。2011—2024 这一阶段，国外研究者们的研究更加聚焦于铁肥应用可能造成的污染及环境风险评估，深化了对铁肥应用环境效应的认识，也为未来铁肥的研发和应用指明了方向。

第三章 土壤硼营养研究特点与趋势

一、土壤硼循环与转化特点

(一) 土壤硼丰缺状况

土壤中的硼是植物生长和发育必需的微量元素之一,对植物的繁殖和生长发育具有重要作用。土壤硼的含量分为全硼含量和有效硼含量,其中全硼指土壤中硼的总和,包括植物可利用和不可利用的部分;有效硼则指植物可从土壤中吸收利用的硼,是评价土壤供硼丰缺程度的重要指标。

土壤中全硼含量的范围广泛,从痕量到 500 mg/kg 不等,平均含量约为 64 mg/kg(邹春琴等,2009)。不同地区的土壤全硼含量存在显著差异。全硼含量受土壤母质、气候、土壤质地、有机质含量等多种因素影响。一般来说,海相沉积物和沉积岩含硼量较高,而岩浆岩含硼量较少。此外,干旱地区土壤中硼的含量一般较高,而南方土壤中硼的含量较低。土壤有效硼含量通常只占土壤全硼含量的5%左右。通常用热水浸提硼来表征土壤硼状况,土壤中有效硼的临界值一般为 0.5 mg/kg,当土壤中有效硼低于此值时,作物可能出现缺硼症状。有效硼的含量同样受土壤质地、气候、生态条件、耕作制度、土壤酸碱度等多种因素影响。根据相关统计数据和研究,全国土壤硼的丰缺状况呈现出一定的地域差异。一些地区土壤硼含量丰富,能够满足作物生长的需求;而另一些地区则存在缺硼现象,需要通过施肥等措施进行补充。

我国是世界上缺硼较严重的国家之一,缺硼土壤面积在 40%

以上，主要分布于东南部地区（长江中下游）和黄土高原、华北平原、淮北平原等地（中国土壤学会，2016）。全国耕种土壤缺硼面积多达 5 亿~10 亿亩[①]，其中贵州、四川、湖北、湖南、安徽、江苏、江西、云南、河南、陕西、广东、福建、广西、吉林、河北、山东、山西等耕地缺硼比例均大于 60%。泉州市耕地土壤有效硼含量整体较缺乏，平均含量为 0.33 mg/kg，79.5%的耕地土壤有效硼含量处于很低或极低水平（陈燕华，2023）。这表明硼缺乏问题在我国农业生产中具有一定的普遍性。而土壤类型、土地利用方式、海拔、土壤理化性质等均对土壤有效硼含量有不同程度的影响，例如，土壤 pH 值对硼的有效性有显著影响，硼在 pH 值中性或微酸性土壤中的有效性较高。因此，在农业生产中应加强对土壤硼含量的监测和评估，并根据实际情况采取相应的施肥措施以保证作物的正常生长和发育。

（二）土壤硼的循环与转化

土壤硼对植物生长和发育至关重要。生产中，硼肥是补充土壤硼元素的主要投入物质，常见的硼肥有硼砂、硼酸、速溶硼等。硼肥可以溶解后直接施入土壤，或者与有机肥料混合施用，以提高硼元素的利用率。硼肥的投入量需根据土壤硼含量、作物种类及生长需求等因素来确定。例如，油菜施用硼肥的量在 0.3~0.4 kg/亩较为适宜，花生硼肥施用量最好分几次施用，一次不要超过 0.1 kg/亩，以确保硼元素能够均匀分布并被作物有效吸收。同时，施用硼肥时还需注意将肥料与土壤充分混合，避免集中施用。

土壤中的硼以多种形态存在，主要包括：存在于土壤中的含硼矿物中的难溶性硼，如硼砂、硼镁铁矿等；以离子状态存在于土壤溶液中的水溶性硼，是作物可以直接吸收利用的硼形态；存在于土

---

① 1 亩 ≈ 667 m^2；15 亩 = 1 hm^2。全书同。

壤中的某些矿物或有机物质中的缓效性硼，这部分硼释放速度较慢，但可以在一定时间内为作物提供硼素营养；与土壤有机质结合或被有机质所固定的有机态硼。这些硼在有机物分解时会释放出来，成为有效态硼供作物吸收利用。

影响土壤硼有效性的因素主要有以下几点。

1. pH 值

土壤 pH 值是影响硼有效性的关键因素之一。一般来说，当土壤 pH 值在 4.7~6.7 时，硼的有效性最高，水溶性硼与 pH 值成正相关。然而，当土壤 pH 值超过 7.1 时，硼的有效性开始降低，水溶性硼与 pH 值成负相关。这是因为土壤中的铝、铁等氧化物在碱性条件下对硼的吸附能力增强，导致硼的有效性降低。

2. 有机质含量

有机质含量高的土壤通常具有更高的有效硼含量。这是因为有机质可以吸附和固定硼素，防止其被淋洗损失。同时，有机质在分解过程中会释放出硼素，增加土壤中的有效硼含量。

3. 气候条件

气候条件对土壤硼的有效性也有一定影响。干旱地区由于土壤水分蒸发快、淋洗作用弱，硼素容易在土壤中积累并转化为难溶性形态，从而有效性降低。而湿润多雨地区则因强烈的淋洗作用可能导致硼素的损失和有效性降低。

4. 土壤类型

不同类型的土壤对硼的吸附和固定能力不同，因此其有效硼含量也存在差异。一般来说，质地较轻的土壤（如砂土）由于吸附能力较弱，其有效硼含量相对较低；而质地较重的土壤（如黏土）则由于吸附能力强而具有较高的有效硼含量。不同成土母质对同类土壤有效硼含量有更大的影响。自然土壤的硼素与成土母质密切相关，成土母质是由岩石风化而成。在鲁中南低山丘陵区相似的生物气候条件下，发育在含硼较低的花岗岩上的棕壤，有效硼含量较低，平均 0.30 mg/kg；而发育在含硼较高的石灰岩、砂岩、页岩上的褐土，有效硼含量较高，平均含量 0.40 mg/kg（高贤彪等，1999）。

(三) 作物对土壤硼的吸收利用

土壤中的硼主要以水溶态硼的形式被植物吸收，这是植物可以直接利用的形态。植物吸收的硼主要来自土壤，土壤的含硼量对植物至关重要。硼在植物生长中扮演着重要角色，包括促进碳水化合物的转化和运转、促进早熟、影响植物生殖器官的形成和发育、刺激花粉管伸长、减少落花落果等。作物主要通过根系从土壤溶液中吸收水溶性硼。硼进入植物体内后，以硼酸（H_3BO_3）的形式存在，并可以与其他化合物结合形成易于运输和利用的形态。硼的吸收量受土壤硼含量、土壤 pH 值、有机质含量、气候条件以及作物种类和生长阶段等多种因素影响。

硼在植物体内的运输主要通过蒸腾作用进行。硼酸以被动运输的方式随水分进入植物体内，并通过木质部向上运输到叶、花、果等器官。硼在植物体内的分布具有一定的规律性。一般来说，繁殖器官（如花、果）中的硼含量高于营养器官（如叶、茎）。在叶片中，硼主要分布于细胞壁和细胞质中；在果实中，硼则主要参与细胞壁的形成和糖的运输。硼参与细胞壁的形成和稳定、促进细胞分裂和伸长、调节植物体内激素的平衡等过程。硼是细胞壁结构的组成部分，特别是与细胞壁中的果胶和半纤维素结合。缺硼会导致作物生长受阻、叶片畸形、花果脱落等现象发生。硼对作物的产量和品质也有显著影响。适量施用硼肥可以提高作物的坐果率、增加果实重量和含糖量、改善果实的外观和口感等。过量施用硼肥会导致土壤中的硼含量过高，对作物产生毒害作用。硼中毒的症状包括叶片边缘焦枯、新叶扭曲变形、根系发育不良等。此外，过量硼还可能通过食物链进入人体和动物体内，对健康造成潜在威胁。硼肥施用不足会导致作物缺硼，进而影响作物的正常生长发育和产量品质。缺硼的症状包括叶片黄化、花果脱落、果实畸形等。因此，在农业生产中应根据土壤硼含量、作物种类和生长阶段等因素合理施用硼肥，以确保作物正常生长发育并提高产量品质。同时应注意避免过量施用硼肥以免对环境和人体健康造成危害。

(四) 土壤硼的环境分析

硼是植物必需的微量营养元素之一。据研究，我国土壤全硼和有效硼含量可明显分为两大区域，我国东部特别是东南部广大地区都属于低硼和缺硼地区，土壤有效硼含量在 1mg/kg 以下，硼肥作为一种增产措施具有明显的效果。而在我国干旱半干旱的西部地区，土壤硼含量多在 2 mg/kg 以上。即使在硼含量较低的山西省，土壤有效硼含量在 1~2 mg/kg 的土地也有 296.5 万 hm^2；大于 2 mg/kg 的有 15.32 万 hm^2，占总土地面积的 1.05%；耕地中有 4.87 万 hm^2 高硼土壤。山东省有效硼含量在 3.26~3.42 mg/kg 的黏卤盐土面积达 2.67 余万 hm^2。

硼是植物生长所必需的营养元素之一，同时土壤中硼的足够数量和过剩中毒的数量间的范围很窄。当土壤中热水溶性硼超过 5 mg/kg 时，植物出现中毒现象（刘莹等，2009）。有研究指出土壤 pH 值、有机质含量、黏粒含量、铁铝氧化物含量均影响硼在土壤中的化学行为。在 pH < 7 土壤溶液中，$B(OH)_3$ 是主要的吸附形态，土壤对其吸附的能力较弱；在 pH 3~9 的范围内，pH 值提高，有效硼含量降低。硼元素在土壤中的含量变化是一个复杂而重要的环境问题。当土壤中硼含量过高时，会对周围环境产生一系列不利影响。

从大气角度来看，硼的过量存在可能通过风蚀、水蚀等自然过程进入大气中，形成硼的微粒或气态化合物。这些物质在大气中的存在不仅可能改变大气的化学组成，还可能对空气质量产生负面影响，进而影响人类和其他生物的呼吸系统健康。

硼对土壤微生物和动物也构成了潜在的毒害。土壤微生物是土壤生态系统的重要组成部分，它们参与土壤的养分循环和物质转化等过程。然而,过量的硼会破坏土壤微生物的生存环境,抑制其生长和繁殖,进而影响土壤生态系统的稳定性和功能。同时,硼的毒性也可能对土壤中的动物造成危害,影响它们的生存和繁衍。研究发现,高剂量的硼会对动物的生长发育及代谢产生不利影响。动物一次性大量摄入硼会急性中毒,长期暴露在高硼环境下会体内硼过剩,发育和生殖功能等会受影响(卢顺等,2014)。

土壤硼作为一种微量营养元素,在浓度过高的情况下对作物具有不良的影响,表现为使作物叶片发黄、地上部分和根系生长受阻,且对根系的影响大于对地上部的影响。土壤硼对小麦生长影响的直接原因为植株体内硼浓度过高,达正常浓度的十倍到数十倍,从而导致硼毒。试验表明,硼素具有低浓度下的营养性和高浓度下的毒害性(尹钧等,2002)。

二、土壤硼营养研究的进程分析

土壤硼营养的文献数据来源包括两部分,英文文献以 SCI-E (Science Citation Index Expanded,2001 年至今)数据库为基础数据来源,中文文献来源于中国知网的中文学术期刊和学位论文出版总库。检索到 CNKI 期刊论文共 478 篇、CNKI 学位论文共 71 篇,WoS 核心合集 2001 年以来英文论文共 346 篇(图 3-1)。CNKI 期刊关于土壤硼的首篇期刊论文在 1960 年发表,此后至 2013 年呈波动增长趋势,2012—2015 年维持在 20 篇以上,此后略呈下降趋势。CNKI 中学位论文的数量随年份呈波动变化,2006 年最高为 7 篇,近年来维持在 5 篇左右。WoS 核心合集 2001 年以来关于土壤硼的研究,发文量随时间的增长呈现上升的趋势,2017 年最多,为 30 篇。

分析土壤硼营养研究论文发表数量排前 20 位左右机构分布情况(表 3-1),期刊论文和学位论文发表机构均显示,在土壤硼营养研究领域的主要研究机构为农林类科研机构,CNKI 数据库中土壤硼营养研究,中文期刊论文发文量最多的为湖南农业大学(11篇),其次为河南农业大学(8篇)和华中农业大学(7篇)。华中

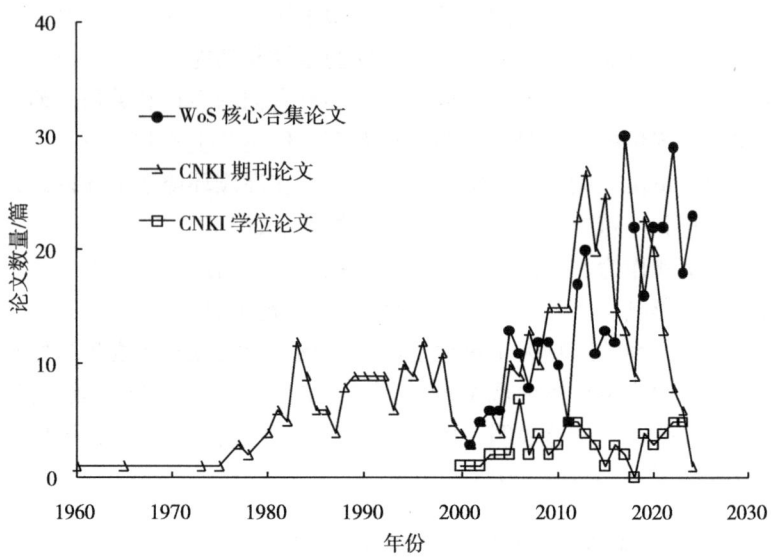

图3-1 土壤硼营养研究论文随时间分布

农业大学土壤硼营养研究相关的学位论文发文量最多为10篇,其次为湖南农业大学(6篇)和西北农林科技大学(5篇)。WoS核心合集土壤硼营养研究领域发表论文数量排前20位左右的研究机构,来自我国的机构有3个,其中中国科学院发表11篇。

500篇土壤硼营养CNKI期刊论文共发表在225个中文期刊中,发表论文数量排前20位左右的期刊如表3-2所示,基本以农林类期刊为主,发文量超过10篇的期刊有4个,分别为《土壤通报》《现代农业科技》《中国农学通报》《广东农业科学》等期刊,显示了该研究领域发表论文较高的研究水平。346篇SCI论文共发表在200个国际期刊上,发表论文数量排前20位左右的期刊,基本还是以农林类期刊为主,发文最多的期刊包括 Science of the Total Environment、Communications in Soil Science and Plant Analysis 等。这些结果表明,土壤硼营养研究在全球范围内都受到了广泛的关注,并且该领域的研究水平已经达到了相当高的程度。特别是那些农林

表 3-1 土壤硼营养研究机构分布

编号	期刊论文		学位论文		WoS 核心合集论文	
	研究机构	数量	研究机构	数量	研究机构	数量
1	湖南农业大学	11	华中农业大学	10	Chinese Academy of Sciences	11
2	河南农业大学	8	湖南农业大学	6	University of Belgrade	10
3	华中农业大学	7	西北农林科技大学	5	Egyptian Knowledge Bank	8
4	广东省农业科学院土壤肥料研究所	6	合肥工业大学	4	Centre National de la Recherche Scientifique	7
5	中国科学院南京土壤研究所	6	内蒙古农业大学	3	Huazhong Agricultural University	7
6	中国农业大学	5	山东农业大学	3	United States Department of Agriculture	7
7	西北农林科技大学	4	四川农业大学	3	Bureau de Recherches Geologiques et Minieres	6
8	辽宁省土壤肥料工作站	4	西南大学	3	Bhabha Atomic Research Center	6
9	贵州省农业科学院土壤肥料研究所	4	西南农业大学	3	Duke University	5
10	新疆阿勒泰地区土地肥料工作站	4	福建农林大学	2	Northwest A&F University – China	5

(续表)

编号	期刊论文 研究机构	数量	学位论文 研究机构	数量	WoS核心合集论文 研究机构	数量
11	南京农业大学	4	贵州大学	2	China University of Geosciences	5
12	湖北省农业科学院植保土肥研究所	4	河南农业大学	2	Polish Academy of Sciences	5
13	湖南省烟草公司	3	江西农业大学	2	Consiglio Nazionale delle Ricerche	4
14	中国科学院林业土壤研究所	3	中国农业科学院	2	United States Department of Energy	4
15	浙江省土壤肥料工作站	3			University of California System	4
16	湖南省烟草科学研究所	3			Agricultural University Krakow	4
17	云南省烟草曲靖市公司	3			University of Rzeszow	4
18	长沙市烟草局	3			State University System of Florida	3
19	福建师范大学	3			Kafrelsheikh University	3
20	山西省农业科学院土壤肥料研究所	3			Ibn Zohr University of Agadir	3

类期刊，它们在推动土壤硼营养研究方面发挥了重要作用。另外值得注意的是，虽然 SCI 期刊的数量和国际影响力较高，但中文期刊在土壤硼营养研究领域也占据了重要地位。这反映了中国在该领域的研究实力和影响力正在不断提升。

表 3-2 土壤硼营养研究文献期刊分布

编号	中文期刊		英文期刊	
	名称	论文数量	名称	论文数量
1	土壤通报	14	Science of The Total Environment	20
2	现代农业科技	13	Communications in Soil Science and Plant Analysis	12
3	中国农学通报	13	Environmental Earth Sciences	9
4	广东农业科学	10	Applied Geochemistry	8
5	河南农业	9	Journal of Plant Nutrition	7
6	农村科技	9	Environmental Monitoring and Assessment	6
7	土壤肥料	9	Journal of Environmental Management	5
8	安徽农业科学	8	Environmental Science and Pollution Research	5
9	农业科技通讯	8	Water	5
10	四川农业科技	8	Journal of Elementology	5
11	现代农村科技	8	Agronomy-Basel	5
12	农民致富之友	7	Geochimica Et Cosmochimica Acta	4
13	浙江农业科学	7	Geoderma	4
14	黑龙江农业科学	6	Frontiers in Plant Science	4
15	湖南农业科学	6	Arabian Journal of Geosciences	4
16	江苏农业科学	6	Eurasian Soil Science	4
17	植物营养与肥料学报	6	Agriculture-Basel	4
18	中国土壤与肥料	6	Plant Soil and Environment	3
19	北京农业科学	5	International Journal of Environmental Science And Technology	3
20	湖北农业科学	5	Environmental Geochemistry and Health	3

(续表)

编号	中文期刊		英文期刊	
	名称	论文数量	名称	论文数量
21		5	Environmental Pollution	3
22		5	Journal of Environmental Quality	3
23		5	Ecotoxicology and Environmental Safety	3
24		5	Forests	3

三、土壤硼营养研究的重点方向

选取中外文文献数据中每个时间切片（1年）中前20个关键词绘制共现图谱，分别如图3-2所示，同时将频次较高的关键词列在表3-3。共现网络中关键词与关键词之间交错纵横，说明国内对硼营养的研究所涉及到的领域较广。对国内土壤硼营养研究文献进行关键词分析，获得最高频关键词。一般认为，关键词出现频次高、中心性强的为研究热点。经统计发现，国内硼肥研究关注热点是微量元素（72）、产量（42）、土壤养分（35）、品质（25）、硼

图3-2 土壤硼营养研究中英文文献数据的关键词共现网络

肥（22）等。国外硼肥研究关注热点是 trace elements（71）、boron（71）、heavy metals（52）、growth（39）、soil（36）等。国外硼肥领域研究关注的热点与国内整体相似，也有不同之处。总体而言，国内外土壤硼营养研究的内容主要集中在硼肥对土壤肥力状况、作物产量品质的影响。

表 3-3 土壤硼营养研究中英文文献数据的高频关键词

编号	中文文献			英文文献		
	关键词	频次	中心度	关键词	频次	中心度
1	微量元素	72	0.67	trace elements	71	0.32
2	产量	42	0.24	boron	71	0.36
3	土壤养分	35	0.22	heavy metals	52	0.18
4	土壤	35	0.24	growth	39	0.20
5	品质	25	0.14	soil	36	0.13
6	硼肥	22	0.14	water	26	0.19
7	植烟土壤	18	0.19	zinc	24	0.17
8	有效硼	15	0.08	accumulation	24	0.06
9	烤烟	15	0.11	plants	19	0.10
10	土壤肥力	15	0.07	quality	18	0.04
11	施肥	10	0.04	contamination	18	0.11
12	油菜	10	0.10	yield	16	0.08
13	耕地	9	0.01	adsorption	16	0.08
14	影响因素	7	0.05	organic matter	15	0.12
15	微肥	6	0.04	soils	15	0.07
16	有机肥	6	0.03	elements	14	0.05
17	含量	5	0.02	availability	13	0.12
18	中量元素	5	0.02	nitrogen	13	0.03
19	果园	5	0.01	boron isotopes	12	0.06
20	玉米	5	0.11	geochemistry	10	0.05

由图 3-3 CNKI 文献结果显示，国内土壤硼营养研究文献关键词共现网络共形成 10 个聚类，标识了该研究领域的知识基础结构

及其动态演进的过程。聚类交互叠错、联系较紧密，主要聚焦于硼肥化学成分、对土壤养分状况的影响等。WoS 核心合集英文文献结果显示，国外土壤硼营养研究文献关键词共现网络共形成 10 个聚类，标识了该研究领域的知识基础结构及其动态演进的过程。聚类彼此之间纵横交错、联系紧密，主要聚焦于 carbon、boron isotopes、photosynthetic efficiency、trace elements、coal ash。

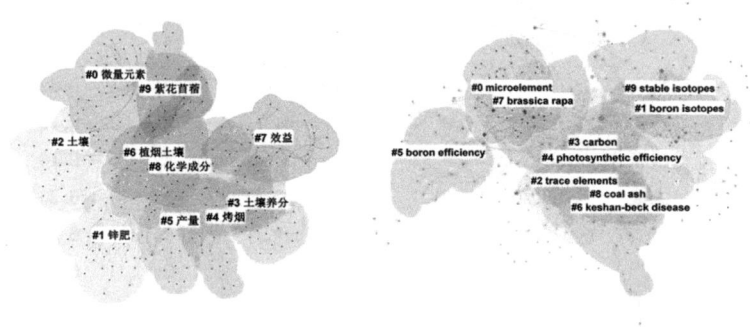

图 3-3　土壤硼营养研究中英文文献数据的关键词聚类图谱

四、土壤硼营养研究的变化趋势

土壤硼营养研究论文样本关键词时间线图可展现各聚类发展演变的时间跨度和研究进度。如图 3-4 所示，在 CNKI 数据库中，从 1985 年开始，就出现了较早的关于土壤硼营养的研究文献，由图 3-4 可以看出，从#0 到#2 聚类的数据数量都是相对较多的，这说明了这些聚类领域的重要性，并且时间跨度都很大。关键词微量元素（0.67，#0）、土壤（0.24，#2）、土壤养分（0.33，#3）、产量（0.34，#5）、硼肥（0.14）等，这些词往往为连接不同领域的关键枢纽。在 WoS 核心合集英文数据库中，#0 microelement、#1 boron isotopes、#2 trace elements、#3 carbon、#4 photosynthetic efficience 这 5 个聚类中引线较多，说明这 5 个聚类中文献较多，显示

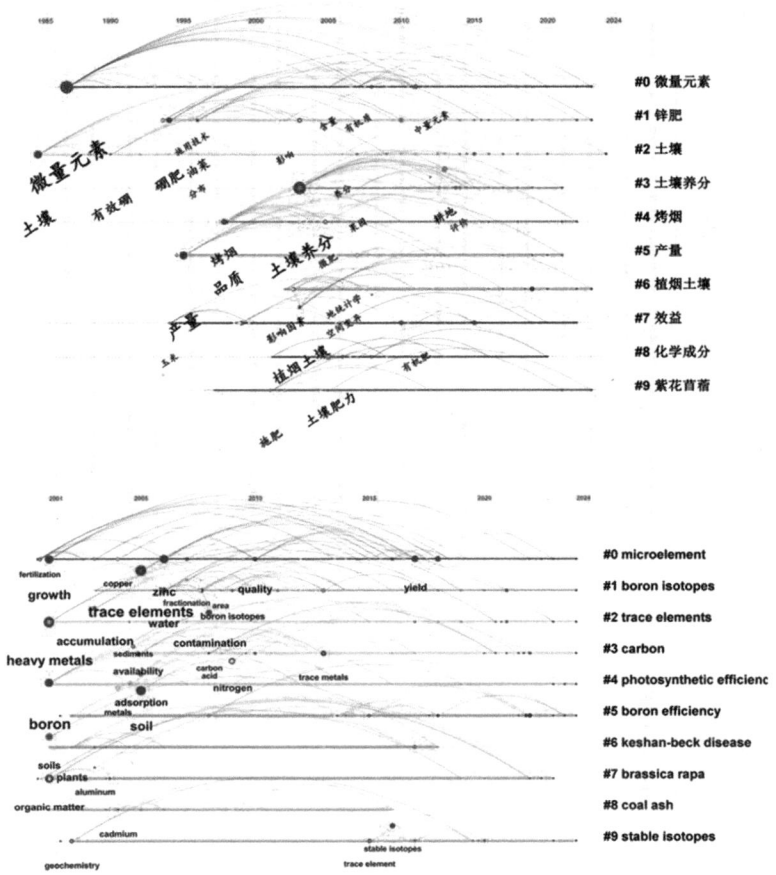

图 3-4　土壤硼营养研究中英文文献数据的时间线图

了这些聚类领域很重要，且时间跨度较大。可以说，这几组标识词基本概括了国外土壤硼营养的主要研究方向及达到的效果，也代表了研究热点的发展情况和结构变化情况。

为验证土壤硼营养研究热点的识别结果，分析研究趋势，提取土壤硼营养研究领域的突现词进行分析（表 3-4）。

表 3-4 土壤硼营养研究中英文文献数据的突现词

语种	突现词	年份	强度	开始年份	结束年份	突现时间段 1980—2024
中文	微量元素	1987	5.68	1987	1997	
	大豆	1999	1.64	1999	2006	
	品质	1998	1.91	2002	2006	
	地统计学	2006	2.11	2006	2009	
	烤烟	1998	1.70	2006	2007	
	养分肥力	2009	1.62	2009	2012	
	土壤养分	2003	4.32	2011	2015	
	土壤肥力	2005	3.18	2012	2013	
	中量元素	2012	2.41	2012	2015	
	现状	2013	1.76	2013	2014	

(续表)

语种	突现词	年份	强度	开始年份	结束年份	突现时间段 1980—2024
中文	评价	2014	2.69	2014	2016	
	果园	2007	2.30	2014	2015	
	影响	2002	1.99	2014	2016	
	硼肥	1994	2.32	2015	2019	
	产量	1995	2.73	2016	2021	
	有机肥	2011	2.48	2017	2020	
	植烟土壤	2003	2.07	2017	2024	
	时空变异	2019	1.93	2019	2024	
	效益	1999	1.65	2019	2020	
	产量品质	2010	1.65	2019	2020	

(续表)

语种	突现词	年份	强度	开始年份	结束年份	突现时间段 2001—2024 年
英文	soils	2001	3.86	2001	2006	
	plants	2002	2.90	2002	2006	
	cadmium	2004	3.03	2004	2012	
	adsorption	2005	2.72	2005	2013	
	contamination	2008	3.53	2008	2016	
	area	2009	2.64	2009	2016	
	zinc	2006	3.10	2016	2018	
	stable isotopes	2016	3.08	2016	2020	
	manganese	2016	2.74	2016	2019	
	elements	2002	2.40	2016	2017	

(续表)

语种	突现词	年份	强度	开始年份	结束年份	突现时间段 2001—2024 年
英文	yield	2017	3.09	2017	2024	
	quality	2010	4.33	2018	2019	
	water	2006	3.04	2018	2021	
	micronutrients	2018	2.69	2018	2022	
	soil	2005	3.46	2019	2020	
	trace metals	2013	2.39	2020	2021	
	selenium	2010	2.39	2020	2021	
	growth	2001	3.67	2021	2024	
	heavy metal contamination	2021	2.83	2021	2024	

表 3-4 中显示中文文献中前 20 个突现词。1987—2007 年学者们关注微量元素以及品质等问题，这一阶段硼肥逐渐进入肥料市场，受到了学者们的关注。2009—2015 这一阶段学者们主要研究硼肥的养分肥力、对土壤养分环境的改善等问题。2016—2020 年这一阶段学者们着眼于硼肥对作物果树产量以及经济效益的影响等问题。外文文献前 20 个突现词，早期学者们关注 soils、plants、cadmium、adsorption、contamination 等，表明国外学者早期主要研究硼肥对作物生长以及土壤环境的变化，并且这一阶段突现词的突现时间段持续时间较长；后期国外学者着眼于硼肥对作物产量品质的影响；在 2017—2024 年这一阶段，学者们主要关注土壤硼相关的其他微量元素和重金属污染问题，说明国外学者们近年来对硼肥的用料逐渐着眼于绿色高效。

第四章 土壤锰营养研究特点与趋势

一、土壤锰循环与转化特点

（一）土壤锰丰缺状况

土壤中的锰含量相对较高，仅次于土壤铁含量，高于其他微量元素。土壤中锰的含量会受到母质的种类、质地、成土过程、土壤酸度以及有机质积累程度等多种因素的影响，其含量变幅较大。一般来说，土壤中全锰含量变化很大，大致范围为 10~5 532 mg/kg，平均含量为 710 mg/kg（邹春琴等，2009），但具体数值会因土壤类型和地区而异。有效锰是指土壤中可被植物直接吸收利用的锰的形态，其含量通常低于全量锰。有效锰的含量受土壤 pH 值、氧化还原电位、有机质含量等多种因素影响，其中土壤类型和 pH 值对其影响最大。因此，在南方酸性土壤上很少有缺锰现象发生。在酸性土壤中，大量的锰呈水溶态和代换态存在，这些形态的锰对植物是有效的。由于土壤锰的含量受多种因素影响，因此不同地区、不同类型土壤的锰含量各不相同。一般来说，红壤等酸性土壤中的锰含量较高，而石灰性土壤则锰含量较低。我国土壤锰的丰缺状况也呈现出一定的地域差异。一些地区土壤锰含量丰富，能够满足作物生长的需求；而另一些地区则可能存在缺锰现象，需要通过施肥等措施进行补充（刘铮，1991）。

土壤锰是植物生长所必需的微量元素之一，它参与植物的多种生理过程，包括光合作用、呼吸作用、氮代谢等。土壤水溶性锰和交换性锰是对植物直接有效的锰，常用活性锰来表征土壤供锰能力，其缺乏的临界值是 100 mg/kg（邹春琴等，2009）。土壤锰主要以 Mn^{2+}、Mn^{3+}、Mn^{4+} 等价态存在，通过微生物作用和化学氧化还原作用在不同价态间转化。锰氧化物是土壤中锰的主要存在形式，对土壤中痕量金属的移动性和生物可利用性有重要影响。一般土壤中锰的含量约为铁的 1/10。土壤中的锰主要来自成土母质，少量来自植物残体和大气中的锰。岩石风化后产生的 Mn^{2+} 迁移性较强，一定条件下可被氧化成高价锰氧化物，但此过程的化学氧化较慢，而细菌、真菌等微生物介导的 Mn^{2+} 的生物氧化成为环境条件下控制锰矿物形成的主导因素，因此自然形成的锰氧化物大多是来自微生物氧化的直接产物或间接产物，而土壤中锰氧化物为锰的主要矿物形式。土壤中锰含量具有较大的地域差异性，我国土壤中的大致趋势为锰氧化物南多北少，而其他形式的锰南少北多。南方的红壤和砖红壤中活性锰含量较高，而北方石灰性土壤中活性锰含量较低，因此缺锰土壤主要分布在我国北方。

（二）土壤锰的循环与转化

土壤锰的投入物质和投入量取决于作物的需求和土壤的供锰能力。土壤锰的形态主要包括可交换态、有机结合态、锰氧化物等（司友斌等，2000）。不同土壤类型和环境条件，如 pH 值、氧化还原电位和有机质含量，都会影响土壤锰的有效性。例如，南方的红壤和砖红壤中活性锰含量较高，而北方石灰性土壤中活性锰含量较低。土壤锰的提取方法包括使用中性盐提取可交换态 Mn^{2+}，以及使用还原剂和酸性溶液提取锰氧化物（李颖等，2022）。锰的投入物质主要来源于自然过程（如岩石风化、火山活动等）和人类活动（如施肥、污水灌溉、工业排放等）。常用的锰肥有硫酸锰、氯化锰、氧化锰等。施用量取决于土壤的初始锰含量、作物的需求以及作物生长阶段。例如，小麦施锰肥时基肥每亩用 2~4 kg 硫酸锰，追肥每亩用 1~

2 kg硫酸锰。对于甜玉米，如果选用总养分37%（20∶5∶12）（$N-P_2O_5-K_2O$）的甜玉米配方肥，亩施90~110 kg；如果选用45%（22∶8∶15）（$N-P_2O_5-K_2O$）的甜玉米配方肥则亩施80~100 kg。实际生产中投入量难以精确量化，因为它受到多种因素的影响，包括地质条件、气候条件、人类活动强度等。一般来说，岩石风化是土壤锰的主要来源之一，每年通过岩石风化输入土壤的锰量相当可观。此外，人类活动如施肥也会增加土壤中的锰含量，但具体投入量因地区和作物类型而异。土壤中的锰以多种形态存在，主要包括以离子形式存在于土壤溶液中的水溶态锰（是植物可以直接吸收利用的形态）、被土壤胶体表面以静电吸引方式吸附的交换态锰（通过离子交换作用可被植物吸收）、特定条件下（如还原性环境）容易被还原成Mn^{2+}的易还原态锰、与土壤中的有机质结合形成的有机结合态锰、存在于土壤原生矿物和次生矿物中的矿物态锰（刘凡等，2008；孟佑婷等，2009）。

土壤锰的有效性受多种因素影响。土壤pH值是影响锰有效性的关键因素之一。在酸性土壤中，锰的有效性较高；而在碱性土壤中，锰的有效性较低。有机质含量高的土壤通常具有更高的有效锰含量。有机质可以吸附和固定锰素，防止其被淋洗损失，并在分解过程中释放出有效态锰供植物吸收利用。氧化还原电位对变价锰元素（如Mn^{2+}、Mn^{3+}、Mn^{4+}）的转化和有效性具有重要影响，在还原性条件下，高价态锰（如Mn^{4+}）被还原成低价态锰（如Mn^{2+}），提高了锰的有效性；而在氧化性条件下，低价态锰被氧化成高价态锰，降低了锰的有效性。土壤质地会影响锰在土壤中的扩散和吸附能力。例如，砂质土壤由于颗粒较大、孔隙较多，锰易于淋失而有效性降低；而黏土质土壤则由于颗粒较小、孔隙较少且吸附能力强而具有较高的有效锰含量。磷肥施用量过大会与土壤中的锌、铁、锰等元素形成磷酸盐沉淀而被固定下来，从而降低这些元素的有效性。因此，在施肥时应注意磷肥的施用量和施用方法以避免对土壤锰等微量元素有效性的不利影响。

(三) 作物对土壤锰的吸收利用

土壤中的锰以多种形态存在,主要包括水溶态、交换态、易还原态、有机结合态和矿物态等。其中,水溶态和交换态锰是作物可以直接吸收利用的主要形态。作物通过根系吸收这些形态的锰,通过木质部运输到植物的各个部位,尤其是活跃生长的组织,如新叶和分生组织。锰是许多酶的活性中心,参与光合作用、氮代谢、细胞分裂等生理过程。锰元素还对植物的抗病能力有影响,缺锰时植物可能更易受到病原体的侵害。适量的锰对作物生长有积极作用,缺乏或过量都可能对作物造成不良影响。缺锰时,植物可能出现叶绿素合成受阻、生长缓慢等症状;锰过量则可能导致植物中毒,表现为叶尖枯死、生长受阻等。

作物吸收到根系中的锰主要通过木质部运输到地上部分,如茎、叶和果实等。在这些部位,锰成为多种酶的激活因子,参与多种生理代谢过程。锰在作物体内的分布相对均匀,但不同器官和组织中的含量可能有所不同。一般来说,叶片中的锰含量较高,因为锰是叶绿素合成的关键元素之一,对植物的光合作用有重要影响。锰还参与碳、氮、磷等营养元素的代谢过程,对作物的生长发育和产量品质有着重要作用。此外,锰能够调节植物体内的离子平衡,提高植物对干旱、盐碱等环境胁迫的适应能力,进而增强作物的抗逆性(谢地香等,2023)。

作物对锰的吸收量受多种因素影响,包括土壤锰的含量、形态、土壤 pH 值、有机质含量、气候条件以及作物种类和生长阶段等。一般来说,酸性土壤中的锰有效性较高,作物吸收量也相对较大;而碱性土壤中锰的有效性较低,作物吸收量也较少。而土壤中有机质可以与 Mn^{2+} 形成复合物,影响其有效性。土壤锰主要以 Mn^{2+}、Mn^{3+}、Mn^{4+} 等价态存在,通过微生物作用和化学氧化还原作用在不同价态间转化。锰氧化物是土壤中锰的主要存在形式,对土壤中痕量金属的移动性和生物可利用性有重要影响。王烨等(2022)通过对376个采样点土壤锰含量进行空间差值分析,发现贵州省不同类型土壤锰含量具有明显的差异性,平均含量依次为石灰土>棕壤>红壤>黄棕壤>黄壤>紫色土,表层土壤锰含量为2.57~5 203.98 mg/kg,平均值876.92 mg/kg,变异系数为0.89,具有较强程度变异性。贵州省区域土壤锰含量水平可划分为低锰区、中锰区、富锰区、高锰区,全省土壤以富锰为主,面积占比达54.05%。这表明不同土壤类型锰含量差异较大。

(四) 土壤锰的环境分析

锰在土壤中的含量若发生显著变化,尤其是当其含量超出正常范围时,会对自然环境产生多方面的深远影响。首先,锰的环境危害不容小觑,它作为一种重金属元素,过量时会对生态系统造成压力(臧小平,1999)。锰的毒性已被确认。地上部是生长介质中过量锰对植物危害的主要部位。过量锰条件下,叶片输导组织坏死,蛋白质合成受阻,而叶绿体蛋白的合成受阻更显著,使叶片叶绿素含量减少,叶色褪淡,光合作用受阻(杨中宝等,2007)。此外,植株DNA、蛋白氮以及八氢番茄红素的生物合成总量也随锰毒发生而减少。而苯胺裂合酶活性增强,过氧化物歧化酶和少量脱氢酶在磷酸戊糖途径中形成,β-蛋白累积。植株过氧化物酶活性提高后与咖啡酸等接触并发生反应,吲哚乙酸(IAA)氧化酶活性增加,加速IAA氧化分解。这些导致植物体内的激素平衡遭到破坏并加速植株衰老。因此过量锰阻碍植物正常生长。锰过剩引起植株中毒的症状一般表现老叶边缘和叶尖出现许多焦枯褐色的小斑,并逐渐扩大。水稻的锰毒症状为:"黄化"叶片零散分布,有棕褐色斑点,"黄化"严重的叶尖,叶缘枯黄内卷,部分叶片的主脉呈紫色、暗绿色,远看似火烧状,俗称水稻"黄化病"。

土壤锰含量过高对大气会产生影响。土壤中高浓度的锰可能通过风蚀、水蚀等自然过程释放到大气中，形成气溶胶或尘埃颗粒，这些颗粒物不仅影响空气质量，还可能通过呼吸作用进入人体，对呼吸系统健康构成威胁。例如，长期暴露于含锰尘埃的环境中，工人和居民可能会出现呼吸道刺激、咳嗽、气喘等症状，严重者甚至患肺部疾病。此外，这些含锰颗粒物还可能沉降在植物叶片上，影响植物的光合作用和呼吸作用，进而对整个生态系统的平衡产生不利影响。因此，对于土壤中锰污染的治理和防控显得尤为重要。

此外，锰的过量还会对土壤中的微生物群落产生毒害作用。土壤微生物是维持土壤健康与生态平衡的关键因素，它们参与有机质的分解、养分循环等多个重要过程。然而，锰的毒性会破坏微生物的细胞膜结构，抑制其酶活性，进而影响其正常生理功能，导致土壤生态功能的衰退。同时，锰的过量也会对土壤中的动物产生不良影响。土壤动物是土壤生态系统中的重要组成部分，它们在分解有机质、促进养分循环等方面发挥着重要作用。然而，高浓度的锰会干扰土壤动物的生理代谢过程，影响其生长和繁殖，严重时甚至会导致其死亡，从而破坏土壤生物多样性和生态平衡（Michalke et al.，2007）。

在锰缺乏的土壤中适度增加锰肥的施用量可以显著提高土壤锰的有效性，促进作物对锰的吸收利用，从而改善作物的生长发育状况和产量品质。然而，过量施用锰肥可能导致土壤锰含量过高，对作物产生毒害作用。土壤中锰的过量会通过特定的环境指标表现出来，并且会对作物的生长发育造成危害。土壤pH值：锰在酸性条件下的溶解度较高，因此土壤pH值是锰过量的一个重要指标。通常，pH值较低的土壤更易出现锰过量问题。土壤锰含量：土壤中活性锰含量异常升高，可以通过土壤测试来确定。植物叶片症状：锰中毒的植物叶片可能出现失绿、褐色斑点或坏死区域。可通过以上指标判断土壤锰元素是否过量。

二、土壤锰营养研究的进程分析

土壤锰营养研究的英文文献以 SCI-E（Science Citation Index Expanded，2001 年至今）数据库为基础数据来源，中文文献来源于中国知网的中文学术期刊和学位论文出版总库。英文检索式为"主题=（Soil）AND 主题=（Trace Element/Microelement）AND 主题=（Manganese）"，文献类型为 Article or Review；中文检索式为"主题=（土壤）AND 主题=（微量元素）AND 主题=（锰）"。如图 4-1 所示，检索到 CNKI 期刊论文共 383 篇、CNKI 学位论文共 75 篇，WoS 核心合集 2001 年以来英文论文数量比 CNKI 中文期刊论文数量有较大增多，共 1 030 篇。CNKI 期刊关于土壤锰营养的首篇期刊论文在 1958 年发表，此后 2011—2015 年波动增长至最多 18 篇，之后略呈下降趋势。CNKI 中学位

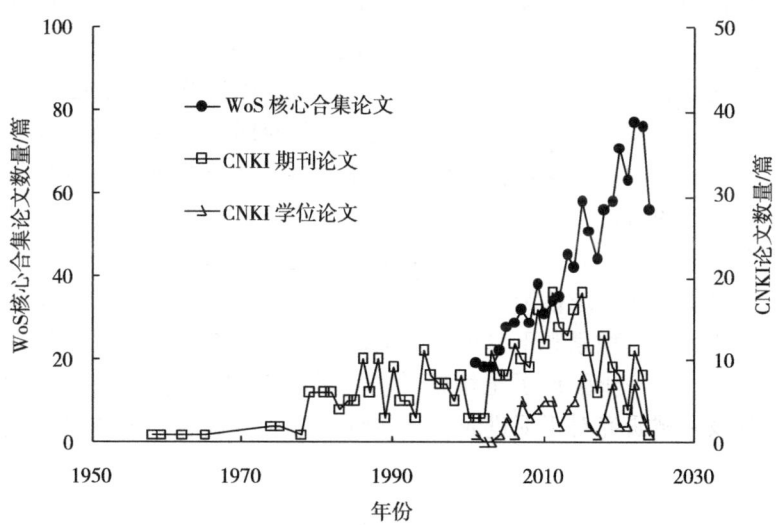

图 4-1　土壤锰营养研究论文随时间分布

论文的数量随年份呈波动变化，2015年最高为8篇，近年来呈显著下降趋势。WoS核心合集2001年以来关于土壤锰营养的研究，发文量随时间的增长呈现上升的趋势，2022年和2023年最多，分别为76和77篇。

对研究机构的分析可以对国内土壤锰营养研究领域强势研究机构进行挖掘（表4-1）。CNKI期刊论文数据库中的土壤锰营养研究论文，发表数量最多的为中国科学院南京土壤研究所（19篇）和西北农林科技大学（15篇）。CNKI数据库中土壤锰营养研究相关的学位论文发文量，以西北农林科技大学最多，为10篇。WoS核心合集中土壤锰营养方面发表论文数量排前20位左右的研究机构，中国科学院发表最多，为51篇，显示了其在此研究领域的强大实力。

土壤锰营养研究CNKI期刊论文共发表在207个中文期刊中，发表论文数量排前20位左右的期刊如表4-2所示，基本以农林类期刊为主，发文量超过10篇的期刊有4个，分别为《土壤通报》《植物营养与肥料学报》《土壤学报》《土壤》，显示了该研究领域发表论文较高的研究水平。英文论文共发表在352个国际期刊上，发表论文数量排前20位左右的期刊，基本还是以农林类期刊为主。土壤锰营养研究领域的科研成果在国际学术界得到了广泛的认可，尤其是那些发表在高质量期刊上的论文，更是体现了该领域研究的前沿性和创新性。这一分布不仅反映了土壤锰营养研究在全球范围内的广泛影响力，也凸显了科研人员在该领域内的深厚积累和不懈追求。同时，农林类期刊作为主要的发表平台，进一步强调了土壤锰营养与农业生产之间的紧密联系，以及该领域研究对于促进农业可持续发展和提高农产品质量的重要意义。

表 4-1 土壤锰营养研究机构分布

编号	期刊论文 研究机构	数量	学位论文 研究机构	数量	WoS 核心集合论文 研究机构	数量
1	中国科学院南京土壤研究所	19	西北农林科技大学	10	Chinese Academy of Sciences	51
2	西北农林科技大学	15	中国农业科学院	4	Centre National de la Recherche Scientifique	49
3	山西农业大学	8	中南林业科技大学	4	INRAE	29
4	沈阳农业大学	8	贵州大学	3	Institut de Recherche pour le Developpement	27
5	中国科学院沈阳应用生态研究所	7	河北农业大学	3	Egyptian Knowledge Bank	26
6	新疆农业大学	7	南京农业大学	3	University of Warmia & Mazury	25
7	西南大学	6	甘肃农业大学	2	University of Chinese Academy of Sciences, CAS	21
8	河南农业大学	5	河南农业大学	2	United States Department of Agriculture (USDA)	18
9	南京农业大学	4	黑龙江八一农垦大学	2	Russian Academy of Sciences	18
10	湖北省洪湖市沙子口镇农业技术推广站	4	沈阳农业大学	2	Erciyes University	16
11	云南农业大学	4	四川农业大学	2	University of Wuppertal	15

(续表)

编号	期刊论文		学位论文		WoS核心集合论文	
	研究机构	数量	研究机构	数量	研究机构	数量
12	山东农业大学	4	西南大学	2	Universite Paris Saclay	15
13	新疆师范大学	4	扬州大学	2	United States Department of the Interior	14
14	中国科学院水利部水土保持研究所	3	中国农业大学	2	United States Geological Survey	14
15	甘肃农业大学	3			Consejo Superior de Investigaciones Cientificas	14
16	浙江农业大学	3			Universidade de Sao Paulo	14
17	北京市农林科学院土壤肥料研究所	3			University of California System	13
18	重庆市技术推广站	3			CNRS – National Institute for Earth Sciences & Astronomy	13
19	中南林业科技大学	3			University of Queensland	12
20	新疆生产建设兵团	3			Universite de Lorraine	12

表 4-2 国内外土壤锰营养研究中英文文献期刊分布

编号	中文期刊		英文期刊	
	名称	论文数量	名称	论文数量
1	土壤通报	17	Science of the Total Environment	39
2	植物营养与肥料学报	13	Communications in Soil Science and Plant Analysis	35
3	土壤学报	11	Environmental Science and Pollution Research	34
4	土壤	10	Environmental Monitoring and Assessment	29
5	西南农业学报	8	Geoderma	25
6	安徽农业科学	7	Environmental Geochemistry and Health	21
7	农村科技	6	Applied Geochemistry	20
8	河南农业	5	Geochimica et Cosmochimica Acta	18
9	江苏农业科学	5	Environmental Earth Sciences	18
10	农民致富之友	5	Environmental Pollution	17
11	山东农业科学	5	Journal of Geochemical Exploration	16
12	新疆农业科技	5	Biological Trace Element Research	16
13	草业科学	4	Chemosphere	15
14	干旱地区农业研究	4	Fresenius Environmental Bulletin	13
15	湖北农业科学	4	Plant and Soil	12
16	山西农业科学	4	Chemical Geology	11
17	土壤肥料	4	Water Air and Soil Pollution	11
18	土壤学进展	4	Journal of Soils and Sediments	11
19	烟草科技	4	Journal of Hazardous Materials	10
20	北京农业科学	3	Soil Science Society of America Journal	10

三、土壤锰营养研究的重点方向

绘制关键词共现图谱如图 4-2 所示，同时将频次较高的关键词列在表 4-3。共现网络中关键词与关键词之间交错纵横，说明国内对土壤锰营养的研究所涉及的领域较广。对国内土壤锰营养的研究文献进行关键词分析，获得最高频关键词如表所示。一般认为，关键词出现频次高、中心性强的为研究热点。国内锰肥研究关注热点是微量元素（96）、土壤（53）、土壤养分（20）、产量（20）、有效锰（15）等。国外对土壤锰营养的研究所涉及的领域较广，研究关注热点是 trace elements（461）、heavy metals（379）、manganese（210）、soil（146）、zinc（123）等。国外锰肥领域研究关注的热点与国内整体相似，也有不同之处，国外锰肥的内容主要集中在锰肥对土壤环境的影响。

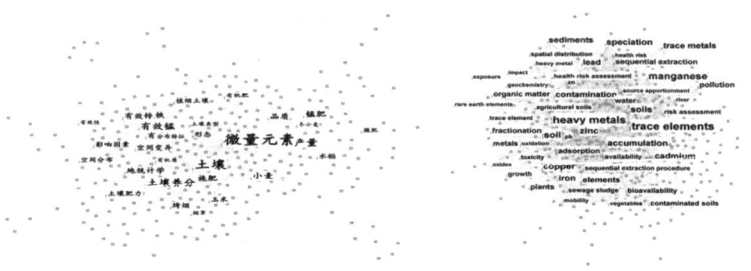

图 4-2　土壤锰营养研究中英文文献数据的关键词共现网络

表 4-3　土壤锰营养研究中英文文献数据的高频关键词

编号	中文文献			英文文献		
	关键词	频次	中心度	关键词	频次	中心度
1	微量元素	96	0.70	trace elements	461	0.02
2	土壤	53	0.37	heavy metals	379	0.04
3	土壤养分	20	0.13	manganese	210	0.03

(续表)

编号	中文文献			英文文献		
	关键词	频次	中心度	关键词	频次	中心度
4	产量	20	0.08	soil	146	0.12
5	有效锰	15	0.06	soils	127	0.06
6	小麦	13	0.04	zinc	123	0.11
7	锰肥	12	0.13	speciation	121	0.12
8	施肥	10	0.09	cadmium	120	0.1
9	有效铁	10	0	accumulation	116	0.09
10	品质	10	0.03	copper	112	0.07
11	有效锌	9	0.01	trace metals	97	0.07
12	地统计学	9	0.03	contamination	90	0.08
13	有效铜	8	0.01	iron	86	0.1
14	烤烟	8	0.03	lead	78	0.14
15	空间变异	8	0.02	sediments	78	0.09
16	玉米	7	0.01	pollution	75	0.07
17	形态	7	0	elements	69	0.12
18	水稻	7	0.07	fractionation	60	0.07
19	土壤肥力	7	0.04	sequential extraction	57	0.1
20	影响因素	7	0.04	plants	56	0.08

共现网络的聚类分析是聚类方法在共现网络的具体应用，它是一种以共现强度为基本计量单位，对特定的关键词共现集合进行分类聚合的定量处理技术。图4-3 CNKI文献分析结果显示，国内土壤锰营养研究文献关键词共现网络共形成10个聚类，标识了该研究领域的知识基础结构及其动态演进的过程。聚类交互叠错、联系较紧密，主要聚焦于锰肥对土壤肥力的影响，也比较关注锰肥对玉米等作物的产量影响。WoS核心合集英文文献分析结果显示，国

外土壤锰营养研究文献关键词共现网络共形成 10 个聚类，标识了该研究领域的知识基础结构及其动态演进的过程。聚类彼此之间纵横交错、联系紧密，主要聚焦于 primary and secondary metabolites、sequential extraction、trace element、lead concentrations。

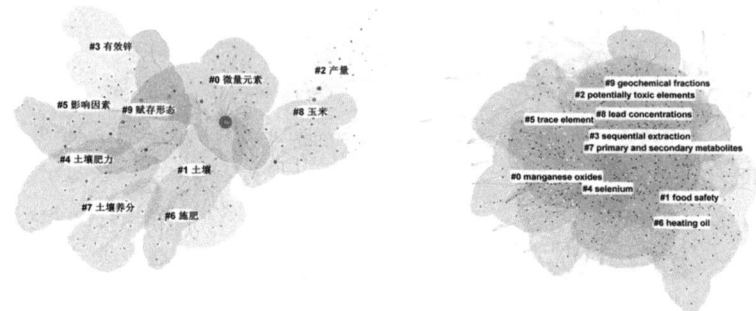

图 4-3　土壤锰营养研究中英文文献数据的关键词聚类图谱

四、土壤锰营养研究的变化趋势

时间线图是将每一个聚类类别的文献按时间顺序从左到右依次排列出来，直观反映了各个研究热点随时间的演变情况。土壤锰营养论文样本关键词时间线图可展现各聚类发展演变的时间跨度和研究进度。如图 4-4 所示，在 CNKI 数据库中，从 1985 年开始，就出现了较早的关于锰肥的研究文献，由图可以看出，从 #0 到 #3 聚类的数据数量都是相对较多的，这说明了这些聚类领域的重要性，并且时间跨度都很大。关键词微量元素（0.7，#0）、土壤（0.37，#1）、土壤养分（0.13，#7、锰肥（0.13）等词中心度>0.1，这些词往往为连接不同领域的关键枢纽。在 WoS 核心合集英文数据库中，#0 manganese oxides、#1 food safty、#2 potentially toxic elements、#3 sequential extraction、#4 selenium 这 5 个聚类中引线较多，说明这 5 个聚类中文献较多，显示了这些聚类领域很重要，且时间跨度较大。

可以说，这几组标识词基本概括了国外土壤锰营养的主要研究方向及达到的效果，也代表了研究热点的发展情况和结构变化情况。

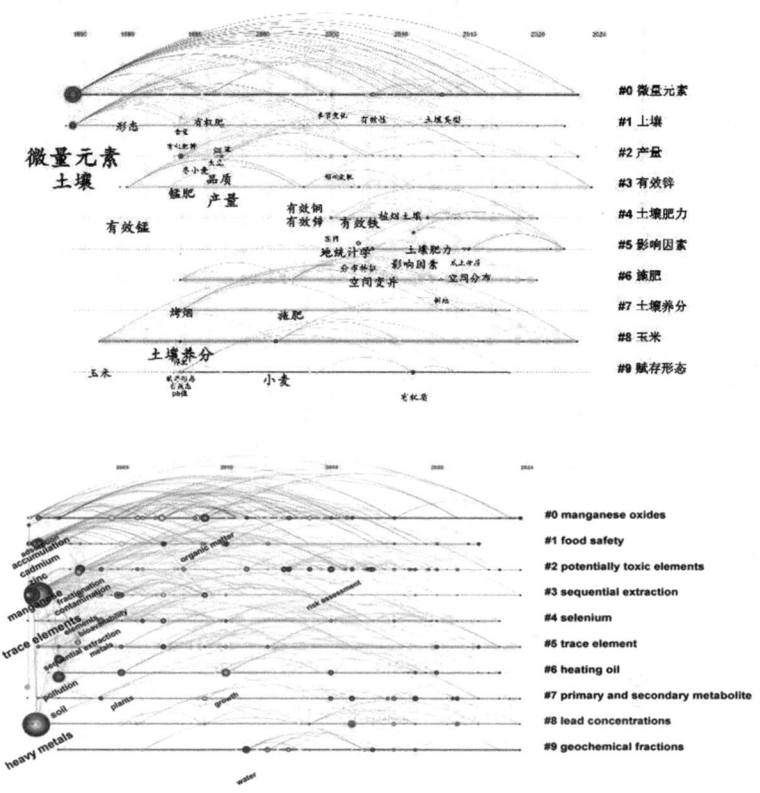

图4-4　土壤锰营养研究中英文文献数据的时间线图

为验证土壤锰营养研究热点的识别结果，分析研究趋势，提取土壤锰营养研究领域的突现词进行分析。表4-4中显示中文文献中前20个突现词。1986—2006年研究者们关注锰肥的同时也对锌肥等加以关注，这可能是因为两者在植物营养、作物产量和品质提升以及施肥实践等方面都存在着密切的联系和互补性。这种联系和

表 4-4 土壤锰营养研究中英文文献数据的突现词

语种	突现词	年份	强度	开始年份	结束年份	突现时间段 1980—2024 年
中文	微量元素	1986	1.70	1987	1990	
	形态	1990	1.57	1990	2008	
	锰肥	1994	2.80	1994	2008	
	赋存形态	1994	1.96	1994	1995	
	锌肥	1994	1.83	1994	1997	
	土壤	1986	2.26	2002	2006	
	季节变化	2005	1.54	2005	2009	
	有效铁	2007	2.31	2007	2012	
	有效锰	1990	1.62	2007	2011	
	地统计学	2006	2.49	2009	2012	

（续表）

语种	突现词	年份	强度	开始年份	结束年份	突现时间段 1980—2024 年
中文	施肥	2002	1.69	2010	2016	
	烤烟	1994	1.64	2010	2012	
	空间变异	2008	2.78	2011	2012	
	有机质	2011	1.72	2011	2016	
	土壤养分	1994	1.67	2011	2015	
	土壤肥力	2012	2.46	2012	2020	
	空间分布	2015	2.48	2015	2022	
	产量	1997	1.57	2016	2017	
	小麦	2001	2.75	2021	2022	
	影响因素	2011	2.20	2022	2024	

(续表)

语种	突现词	年份	强度	开始年份	结束年份	突现时间段 2001—2024 年
英文	iron	2001	4.24	2001	2005	
	copper	2001	8.34	2002	2011	
	zinc	2001	5.01	2003	2005	
	fractionation	2003	4.24	2003	2012	
	sewage sludge	2004	6.04	2004	2009	
	sequential extraction	2003	4.53	2005	2012	
	availability	2001	5.29	2007	2013	
	soils	2001	4.56	2007	2012	
	speciation	2001	5.52	2008	2013	
	chemistry	2002	4.54	2014	2016	

(续表)

语种	突现词	年份	强度	开始年份	结束年份	突现时间段 2001—2024 年
英文	source apportionment	2016	4.74	2016	2021	
	water	2011	6.57	2018	2020	
	health risk assessment	2016	8.21	2019	2024	
	vegetables	2007	4.86	2020	2024	
	potentially toxic elements	2017	4.72	2020	2024	
	nitrogen	2020	4.71	2020	2024	
	wheat	2010	4.32	2020	2022	
	heavy metal pollution	2020	4.31	2020	2024	
	spatial distribution	2013	4.44	2021	2024	
	pollution	2002	4.94	2022	2024	

互补性有助于更全面地理解植物对营养元素的需求规律。2007—2016年这一阶段，研究者们主要研究锰肥的养分肥力及其合理施肥方式等问题。2018—2024年这一阶段，研究者们着眼于锰肥对土壤肥力及小麦等作物产量的影响等问题，这说明研究者们已经不仅仅局限于锰肥本身的研究，而是开始将其置于更广泛的农业生态系统中进行考量。通过深入研究锰肥对土壤肥力及小麦等作物产量的影响，研究者们旨在探索出一条既能提升作物产量，又能维护土壤健康、促进生态平衡的可持续发展之路。这一转变标志着农业科学研究正向着更加综合、系统、生态化的方向迈进。研究者们在这一阶段对锰肥的研究更加全面，早期国际研究者们在关注锰营养的同时，iron、copper、zinc、fractionation、sewage sludge等也成为突显的关键词，表明国外研究者早期研究锰肥的应用并非孤立存在，而是与土壤中的其他微量元素如铁、铜、锌以及污泥等紧密相关。这种综合性的研究视角，揭示了土壤养分之间的复杂互动关系；后期heavy metal pollution、potentially toxic elements等逐步成为锰肥研究突现的关键词，提示国外研究者在这一阶段着眼于锰肥对土壤环境的影响和重金属污染问题，说明锰肥在农业生产中的广泛应用虽能显著提升作物产量与品质，但其对土壤环境及潜在的重金属污染问题亦不容忽视，在推广锰肥使用的同时，必须加强对土壤环境及重金属污染的监测与评估，确保农业生产的绿色、安全、可持续。

第五章 土壤铜营养研究特点与趋势

一、土壤铜循环与转化特点

(一) 土壤铜丰缺状况

土壤铜是植物生长必需的微量元素，对植物的生长发育具有重要影响。土壤中铜主要以固定态存在，仅有少量的铜以相对活动态存在。土壤有效铜可直接被植物吸收，是限制作物产量和品质的重要因子。全量铜指土壤中铜的总量，包括植物可利用和不可利用的铜。有效铜指植物可吸收利用的铜。土壤铜主要以 Cu^{2+} 的形式存在，通过微生物作用和化学氧化还原作用在不同价态间转化。铜氧化物是土壤中铜的主要存在形式，对土壤中痕量金属的移动性和生物可利用性有重要影响。我国土壤中铜的含量分布不均，北方石灰性土壤中活性铜含量较低，容易缺铜，而南方红壤和砖红壤中活性铜含量较高。缺铜土壤主要分布在我国北方，如山西、陕西、甘肃、内蒙古等地。土壤铜主要受土壤 pH 值、氧化还原条件、有机质含量等因素的影响。其中，土壤 pH 值对铜的有效性影响显著。在酸性条件下，Cu^{2+} 的溶解度和移动性增加，但在 pH 值较高的石灰性土壤中，Cu^{2+} 易被固定，有效性降低。在好氧条件下，Cu^{2+} 以铜氧化物形式存在，移动性较低；在厌氧条件下，还原生成的 Cu^+ 溶解度和移动性增加。

我国土壤铜的含量范围广泛，从 3 mg/kg 到 500 mg/kg 不等，平均含量为 22 mg/kg。大多数土壤含量在 20~40 mg/kg。通常用 DTPA-Cu 或 HCl-Cu 来表征土壤铜的有效性，缺乏的临界值分别为 0.2 mg/kg 和 2.0 mg/kg（邹春琴等，2009）。不同地区的土壤有效态铜含量也有显著差异。从全国范围来看，土壤铜的丰缺状况存在显著差异。一些地区由于地质背景、母质类型及人为活动等因素，土壤铜含量较高，可能存在潜在的铜污染风险；而另一些地区则可能因土壤铜含量较低而面临缺铜问题。此外，随着工业化和城市化进程的加快，土壤铜污染问题日益突出，特别是在一些工业密集区和矿区周边地区。

（二）土壤铜的循环与转化

土壤铜的来源广泛，包括自然来源和人为输入两种。自然来源主要是成土母质和成土过程对土壤铜含量的影响。而人为输入则是土壤铜含量变化的主要原因，包括大气沉降（如工业生产、汽车尾气排放等产生的含铜粉尘）、农业活动（如高铜含量饲料添加剂、含铜杀菌剂的施用，农田灌溉中使用工业废水或城市污水，以及含铜污泥作为有机肥料或土壤改良剂的使用）和畜禽粪便的施用等。这些活动都会向土壤中投入大量的铜，从而影响土壤铜的含量和分布。土壤中的铜以多种形态存在，主要包括水溶态、交换态、碳酸盐结合态、铁锰氧化物结合态、有机结合态和残留态等。其中，水溶态和交换态铜是植物吸收的主要形态，因此被认为是有效态或可给态铜。不同形态的铜在一定条件下可以相互转化，其转化过程受多种因素影响（李锦芬等，2018）。

土壤中铜的循环与转化是一个复杂的生物地球化学过程，涉及多个环节。

1. 吸附与解吸

铜离子在土壤中的吸附与解吸是其循环的起始步骤。土壤中的铜主要以可交换态、碳酸盐结合态、铁锰氧化物结合态、有机质结合态和残渣态等形式存在。这些形态之间可以相互转化，铜离子的吸附与解吸平衡对铜的生物可利用性有显著影响。

2. 氧化还原反应

铜在土壤中的氧化还原状态对其形态和生物可利用性至关重要。铜可以以 Cu^{2+} 或 Cu^+ 的形式存在，其氧化还原反应影响铜的溶解度和迁移性。在还原条件下，Cu^{2+} 可能被还原为 Cu^+，增加其在土壤中的溶解度和迁移性。

3. 矿物风化

原生矿物的风化作用会释放铜离子，使其进入土壤溶液中，参与土壤铜的循环。

4. 生物吸收

植物通过根系吸收土壤中的铜离子，参与其生物地球化学循环。植物根系分泌的化合物如有机酸可以增加铜的溶解度，促进其吸收。

5. 微生物作用

土壤微生物通过其代谢活动影响铜的形态和生物可利用性。某些微生物可以还原 Cu^{2+} 为 Cu^+，或通过其细胞壁和胞外分泌物吸附铜离子。

6. 络合与螯合

土壤中的有机配体如腐殖酸和富里酸可以与铜离子形成络合物或螯合物，影响铜的溶解度和迁移性。

7. 沉淀与溶解

在特定的 pH 值和环境条件下，铜离子可能与土壤中的其他离子如硫酸根、碳酸根等形成沉淀，或者在特定条件下溶解。

8. 植物-土壤系统中的同位素分馏

稳定铜同位素分析可以追踪植物-土壤系统中铜的生物地球化学循环。植物和土壤之间的铜同位素分馏主要是由于从土壤中获取铜的过程中采取了不同的吸收策略。

铜的生物地球化学循环对土壤安全、食品安全、农业可持续发展和人类健康有着重要影响。因此，理解铜在土壤中的循环和转化机制对于铜污染土壤的修复和土壤肥力管理具有重要意义。

(三) 作物对土壤铜的吸收利用

土壤中的铜对作物生长和发育起着至关重要的作用，但也是环境污染的重要来源之一。铜是植物必需的微量元素，参与多种生理过程，包括光合作用、呼吸作用、抗氧化系统及激素信号转导等。然而，土壤中铜含量的不平衡会影响作物的健康和产量。

植物主要通过根系从土壤中吸收铜离子，吸收的铜离子可以是 Cu^+ 或 Cu^{2+} 的形式。进入植物体后，铜离子被运输到不同的组织和器官，包括叶片、茎和种子。铜离子在植物体内的运输涉及多种转运蛋白，如 copper transporter（COPT）家族和 ZRT、IRT-like protein、ZIP 家族蛋白。根系在吸收铜的过程中，会受到土壤 pH 值、有机质含量、氧化还原电位等多种因素的影响。一般来说，在酸性土壤中，铜的有效性较高，易于被植物吸收；而在碱性土壤中，铜的有效性降低，吸收量相应减少。铜离子被植物根细胞吸收后，经过共质体途径从表皮细胞转移至中柱，随后释放进入木质部。在植物蒸腾流的作用下，铜离子由木质部转移至地上组织。对于部分组织如种子，由于其中蒸腾作用较小，营养元素的运输可能由分化较快的韧皮部完成。在植物体内，铜主要作为一些同化酶和呼吸酶的辅基参与代谢反应和电子传递。它参与光合作用的电子传递和光合磷酸化过程，是质体蓝素等光合链中电子传递体的组分。铜在植物体内是不可再利用元素，主要呈难溶解的稳定化合物存在，不再参与循环。

适量的铜对植物生长有益，它是多种酶和蛋白质的组成部分，能够促进植物体内多种代谢活动和光合作用，并在一定程度上增强植物的抗病能力。铜还参与维持叶绿素结构和功能、促进茎、叶、果实等器官的发育以及增加营养成分含量等过程。而过量铜会产生铜胁迫现象，铜胁迫会导致植物体内活性氧（ROS）的产生增加，引起氧化胁迫，损害细胞膜和组织，影响植物的生长和发育。铜胁迫还可能通过影响植物激素的平衡，如生长素（IAA）、细胞分裂素（CTK）等，进而影响根系的发育。

生产中，铜的施用量需要精细管理。过量施用铜可能导致铜在土壤中的积累，对植物产生毒害作用，影响作物的生长和发育，甚至通过食物链影响人类健康。相反，铜施用过少可能导致植物铜营养不足，影响植物的生长发育和产量。

（四）土壤铜的环境分析

土壤中铜过量的环境指标通常包括土壤中铜的总含量和可提取态铜含量。一般认为土壤中铜含量超过 50 mg/kg 可能会对植物产生毒害作用，但这一数值会因土壤类型和植物种类而异（王子诚等，2021）。

铜过量对作物生长发育的危害特征主要表现在以下几个方面。

一是根系生长受阻：铜过量会抑制植物根系的生长，影响植物对水分和养分的吸收，进而影响整个植株的生长发育。

二是光合作用下降：铜胁迫会影响叶绿素的合成和光合系统的活性，导致光合作用效率下降，影响植物的生长发育和产量。

三是氧化胁迫：铜过量会导致活性氧物质的积累，引起氧化胁迫，破坏细胞结构，影响植物的正常生理功能。

四是养分吸收失衡：铜过量可能会影响植物对其他必需营养元素的吸收，导致养分失衡，影响植物的正常生长。

五是影响植物的繁殖：铜胁迫还可能影响植物的繁殖能力，包括种子的萌发和幼苗的生长。

铜对植物的毒害作用主要通过影响植株体的一系列代谢及细胞生长等过程，进而对植株产生危害。

一是铜过量会干扰细胞分裂和伸长：铜离子可能会与细胞壁和细胞膜相互作用，影响细胞的分裂和伸长。

二是诱导活性氧的产生：铜离子可以催化脂肪酸的过氧化反应，产生活性氧物质，导致细胞受损。

三是影响酶活性：铜离子可能会与酶活性中心的金属离子竞

争，影响酶的活性。

四是干扰植物激素平衡：铜胁迫可能会影响植物激素的合成和信号传导，进而影响植物的生长和发育。

五是诱导基因表达变化：铜胁迫可能会引起植物体内相关基因的表达变化。影铜是一种常见的重金属污染物，主要来源于工业活动，如电镀、化工、矿产开发等。近年来，随着这些行业的快速发展，环境中的铜污染问题日益突出。土壤中的铜含量已超过土壤背景值的几倍甚至几十倍，这对植物、动物和土壤微生物构成了威胁，甚至对整个生态系统的稳定和人类的安全构成了一定的威胁。在农业生产中，应根据土壤铜含量和作物需求合理施用含铜肥料或采取其他措施调节土壤铜含量，以确保作物的正常生长和产量品质。同时，应加强土壤环境监测和污染防控工作，防止土壤铜污染的发生和扩散（徐金玉等，2020）。

二、土壤铜营养研究的进程分析

土壤铜营养研究的文献数据以 SCI-E（Science Citation Index Expanded，2001年至今）数据库为基础数据来源，中文文献来源于中国知网的中文学术期刊和学位论文出版总库。英文检索式为"主题=（Soil）AND 主题=（Trace Element / Microelement）AND 主题=（Copper）"，文献类型为 Article or Review；中文检索式为"主题=（土壤）AND 主题=（微量元素）AND 主题=（铜）"，检索到 CNKI 期刊论文共326篇、CNKI 学位论文共83篇，WoS 核心合集2001年以来英文论文共2 365篇（图5-1）。CNKI 期刊关于土壤铜营养的首篇期刊论文在1964年发表，此后至2014年波动增长至最多18篇，之后略下降趋势。CNKI 中学位论文的数量随年份呈波动变化，2017年最高为9篇，近年来呈下降趋势。WoS 核心合集2001年以来关于土壤铜营养的研究，发文量比 CNKI 中文期刊论文数量有较大增多，且随时间的增长呈现上升的趋势，2016—2023年均超过120篇。

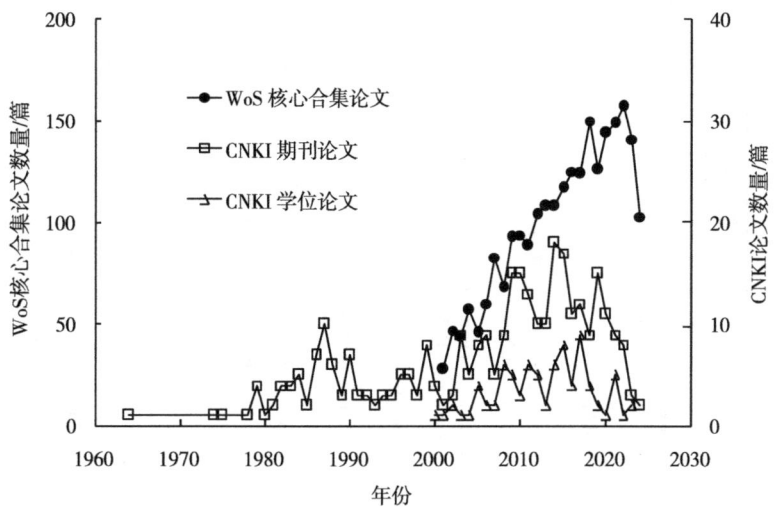

图 5-1　土壤铜营养研究论文随时间分布

土壤铜营养研究论文发表数量排前 20 位左右机构分布情况如表 5-1 所示。在土壤铜营养研究领域，CNKI 数据库中文期刊论文发文量最多的前两个机构为西北农林科技大学（10 篇）和南京土壤研究所（9 篇）。山东农业大学土壤铜营养研究相关的学位论文发文量最多，为 11 篇，其次为南京农业大学（6 篇）。WoS 核心合集土壤铜营养方面发表论文数量方面，中国科学院发表最多，为 96 篇，在此方面研究优势明显。

土壤铜营养研究 CNKI 期刊论文共发表在 203 个中文期刊中，发表论文数量排前 20 位左右的期刊如表 5-2 所示，以农林类期刊为主，发文量超过 10 篇的期刊有 3 个，分别为《植物营养与肥料学报》《土壤通报》《土壤》，显示了该研究领域发表论文较高的研究水平。2 365篇英文论文共发表在 531 个国际期刊上，发表论文数量排前 20 位左右的期刊，还是以农林类期刊为主。这些数据不仅反映了土壤铜营养研究领域的广泛性和活跃性，也揭示了该领域在

89

表 5-1　土壤铜营养研究机构分布

编号	期刊论文		学位论文		WoS 核心合集论文	
	研究机构	数量	研究机构	数量	研究机构	数量
1	西北农林科技大学	10	山东农业大学	11	Chinese Academy of Sciences	96
2	中国科学院南京土壤研究所	9	南京农业大学	6	INRAE	80
3	沈阳农业大学	8	西北农林科技大学	5	Centre National de la Recherche Scientifique (CNRS)	80
4	山西农业大学	8	安徽农业大学	4	Consejo Superior de Investigaciones Cientificas (CSIC)	46
5	山东农业大学	6	河南农业大学	4	University of Warmia & Mazury	42
6	中国科学院沈阳应用生态研究所	6	福建农林大学	3	University of Belgrade	39
7	云南农业大学	5	合肥工业大学	3	Egyptian Knowledge Bank (EKB)	35
8	南京农业大学	5	西南大学	3	United States Department of Agriculture	35
9	成都理工大学	4	成都理工大学	2	University of Chinese Academy of Sciences, CAS	29
10	甘肃农业大学	4	河北农业大学	2	Universite de Bordeaux	28
11	新疆农业大学	4	湖南农业大学	2	Institut de Recherche pour le Developpement	27

第五章 土壤铜营养研究特点与趋势

(续表)

编号	期刊论文 研究机构	数量	学位论文 研究机构	数量	WoS核心合集论文 研究机构	数量
12	河南农业大学	4	山东大学	2	Swiss Federal Institutes of Technology Domain	26
13	新疆师范大学	4	沈阳农业大学	2	Universite Paris Saclay	25
14	湖南农业大学	4	新疆农业大学	2	University of Barcelona	25
15	中国农业科学院农业资源与农业区划研究所	3	中国地质大学	2	State University System of Florida	24
16	广西桂林矿产地质研究院	3	中国地质科学院	2	Erciyes University	24
17	桂林理工大学	3	中国农业科学院	2	Nanjing Institute of Soil Science, CAS	24
18	云南省农业科学院甘蔗研究所	3			Universidade de Vigo	24
19	四川农业大学	3			Russian Academy of Sciences	24
20	中国热带农业科学院热带作物品种资源研究所	3			Universite de Montreal/Universidade de Santiago de Compostela/Pontificia Universidad Catolica de Valparaiso	23

学术期刊中的分布情况。进一步观察 SCI 英文论文的发表情况，可以看出国际期刊在这一领域同样扮演着举足轻重的角色。尽管期刊种类繁多，但论文主要集中在几个高质量的期刊上，这反映了土壤铜营养研究在国际上的关注度和认可度。

表 5-2　国内外土壤铜营养研究中英文文献期刊分布

编号	中文期刊		英文期刊	
	名称	论文数量	名称	论文数量
1	植物营养与肥料学报	12	Environmental Science and Pollution Research	115
2	土壤通报	10	Science of the Total Environment	112
3	土壤	6	Environmental Monitoring and Assessment	74
4	土壤肥料	6	Environmental Pollution	66
5	西南农业学报	6	Chemosphere	56
6	地球化学	5	Journal of Geochemical Exploration	54
7	水土保持学报	5	Environmental Geochemistry and Health	54
8	土壤学报	5	Communications in Soil Science and Plant Analysis	50
9	中国农学通报	5	Water Air and Soil Pollution	47
10	安徽农业科学	4	Environmental Earth Sciences	46
11	干旱地区农业研究	4	Geoderma	44
12	贵州农业科学	4	Journal of Soils and Sediments	36
13	湖北农业科学	4	Fresenius Environmental Bulletin	33
14	热带农业科学	4	Ecotoxicology and Environmental Safety	31
15	土壤学进展	4	Journal of Hazardous Materials	29
16	广东化工	3	Soil & Sediment Contamination	28

(续表)

编号	中文期刊		英文期刊	
	名称	论文数量	名称	论文数量
17	湖南农业科学	3	International Journal of Phytoremediation	28
18	吉林农业科学	3	Journal of Environmental Management	27
19	农业环境科学学报	3	Biological Trace Element Research	25
20	山东农业科学	3	Applied Geochemistry	24
21	山西农业大学学报（自然科学版）	3		
22	微量元素	3		
23	现代农村科技	3		
24	现代农业科技	3		
25	新疆畜牧业	3		
26	中国畜牧兽医	3		

三、土壤铜营养研究的重点方向

由图 5-2 可以看出，共现网络中关键词与关键词之间交错纵横，说明国内对铜营养的研究所涉及的领域较广。对国内铜营养的研究文献进行关键词分析，获得最高频关键词如表 5-3 所示。一般认为，关键词出现频次高、中心性强的为研究热点。经统计发现，国内铜肥研究关注热点是微量元素（100）、土壤（45）、土壤养分（25）、有效铜（18）、产量（13）等。这些热点反映了当前国内铜肥研究领域的几个重要方向。首先，微量元素作为铜肥的主要成分，其研究热度最高，表明研究者们对于铜元素在植物生长中的具体作用机制、适宜用量以及与其他元素的相互作用等方面有着浓厚的兴趣。其次，土壤作为植物生长的基础环境，其性质对铜肥的施用效果有着至关重要的影响。因此，土壤及其养分状况成为铜肥研究中的另一个重要关注点。研究者们致力于探讨不同土壤类型下铜肥的施用效果、铜元素在土壤中的迁移转化规律以及如何通过改良土壤环境来提高铜肥的利用率等问题。有效铜作为铜肥中能够被植物直接吸收利用的部分，其含量和形态对铜肥的肥效有着直接的影响。因此，有效铜的研究也是铜肥领域的一个重要方向。

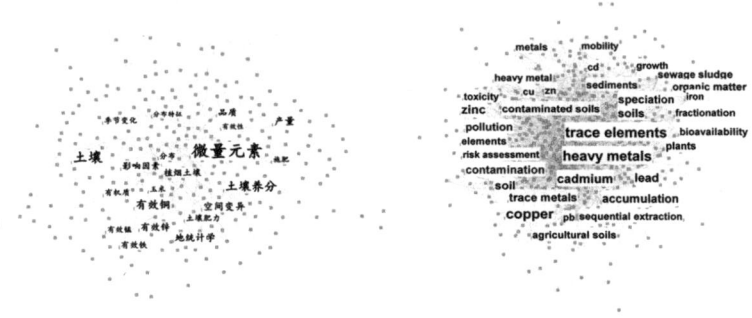

图 5-2 土壤铜营养研究中英文文献数据的关键词共现网络

国外铜肥研究关注热点是 trace elements（1 176）、heavy metals（1 076）、copper（868）、cadmium（472）、zinc（438）等。这些高频关键词不仅揭示了铜肥研究的核心议题，还展示了其与其他微量元素及重金属研究的紧密联系。trace elements（微量元素）作为最高频的关键词，突显了铜作为植物生长发育中不可或缺的微量元素的重要性。而 heavy metals（重金属）的频繁出现，则提醒铜肥的研究与应用需同时考虑其对环境及生物体的潜在风险，尤其是与 cadmium（镉）这样的有毒重金属的对比研究，更有助于明确铜肥的安全使用范围。此外，copper（铜）作为直接研究对象，其高频出现进一步强调了该领域对铜肥本身性质、作用机制及应用效果的深入探索。而 zinc（锌）等其他微量元素的共现，则揭示了微量元素之间的相互作用及其对植物生长的综合影响，提示未来的研究可能需要更加关注这些元素间的协同或拮抗效应。综上所述,国外铜肥研究呈现出多领域、多层次的特点,既关注铜肥本身的性质与应用,又重视其与环境、其他微量元素的相互作用。这一研究趋势为铜肥研究提供了重要的参考。

表 5-3 土壤铜营养中英文文献数据的高频关键词

编号	中文文献			英文文献		
	关键词	频次	中心度	关键词	频次	中心度
1	微量元素	100	0.52	trace elements	1 176	0
2	土壤	45	0.32	heavy metals	1 076	0.01
3	土壤养分	25	0.12	copper	868	0.01
4	有效铜	18	0.05	cadmium	472	0.01
5	产量	13	0.06	zinc	438	0.01
6	空间变异	13	0.04	lead	357	0.02
7	地统计学	11	0.03	accumulation	307	0.03
8	有效锌	10	0.01	soil	287	0.05
9	品质	10	0.03	soils	249	0.03
10	影响因素	9	0.03	speciation	243	0.04
11	植烟土壤	9	0.03	contamination	237	0.04
12	有效铁	8	0.01	trace metals	216	0.06
13	土壤肥力	8	0.04	pollution	192	0.04
14	有机质	7	0.07	plants	166	0.08
15	季节变化	6	0.01	contaminated soils	154	0.04
16	施肥	6	0.05	organic matter	150	0.05
17	玉米	6	0.01	sewage sludge	150	0.07
18	有效铜	6	0.02	sequential extraction	147	0.03
19	分布	6	0	elements	145	0.07
20	分布特征	5	0.02	bioavailability	145	0.05

聚类标签算法从标题、关键词和摘要中抽取得到。图 5-3 CNKI 文献分析结果显示,国内土壤铜营养研究文献关键词共现网

络共形成 10 个聚类，标识了该研究领域的知识基础结构及其动态演进的过程。聚类交互叠错、联系较紧密，主要聚焦于铜肥料对土壤养分及理化性质的影响，另外还比较关注铜肥料对作物产量的影响。WoS 核心合集英文文献分析结果显示，国外铜营养文献关键词共现网络共形成 10 个聚类，标识了该研究领域的知识基础结构及其动态演进的过程。聚类彼此之间纵横交错、联系紧密，主要聚焦于土壤微量元素及其重金属的影响。

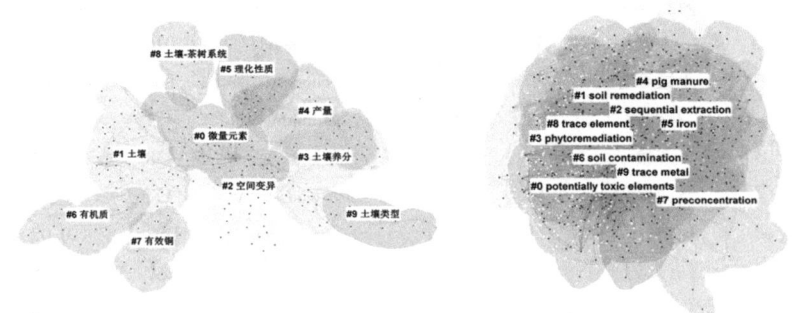

图 5-3　土壤铜营养研究中英文文献数据的关键词聚类图谱

四、土壤铜营养研究的变化趋势

如图 5-4 所示，在 CNKI 数据库中，从 1985 年开始，就出现了较早的关于铜肥的研究文献，从#0 到#2 聚类的数据数量都是相对较多的，这说明了这些聚类领域的重要性，并且时间跨度都很大。关键词微量元素（0.52，#0）、土壤（0.32，#1）、土壤养分（0.12，#3）等词中心度>0.1，这些词往往为连接不同领域的关键枢纽。在 WoS 核心合集英文数据库中，#0 potentially toxic elements、#1 soil remediation、#2 sequential extraction、#3 phytoremediation、#4 pig manure 这 5 个聚类中引线较多，说明这 5 个聚类中文献较多，显示了这些聚类领域很重要，且时间跨度较大。可以说，这几组标识词基本概括了国外铜肥的主要研究方向及达到的效果,也代表了研究热点的发展情况和结构变化情况。

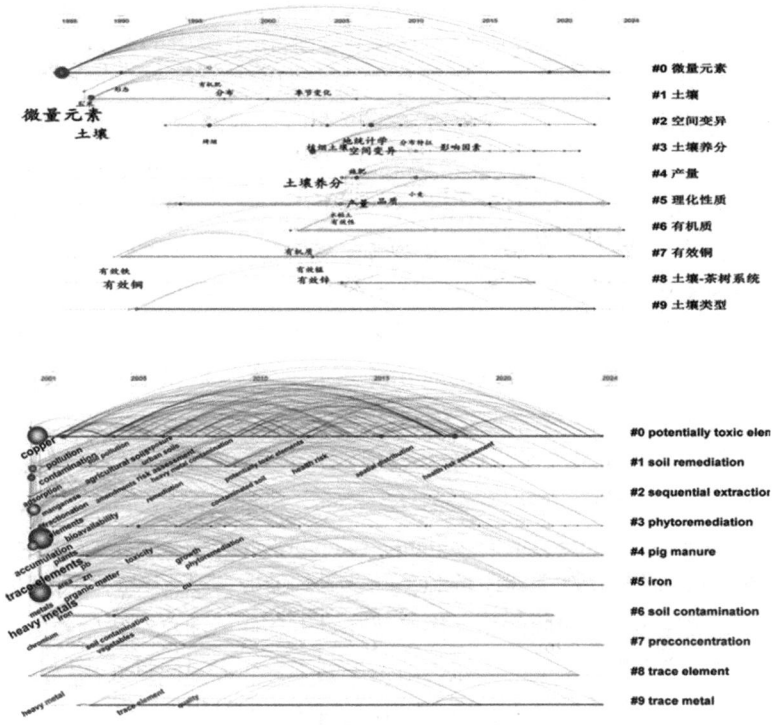

图 5-4　土壤铜营养研究中英文文献数据的时间线图

为验证土壤铜营养研究热点的识别结果,分析研究趋势,提取土壤铜营养研究领域的突现词进行分析。表 5-4 中显示中文文献中前 20 个突现词。1990—2005 年这一阶段,研究者们深入探讨了铜在土壤中的存在形式,包括其化学形态、物理状态以及与其他土壤成分的相互作用。同时,也关注到土壤中铜的含量水平,这对于评估土壤肥力、预测作物产量以及制定合理的施肥策略具有重要意义。这一阶段的研究成果为后续铜作为微量元素肥料在农业生产中的广泛应用奠定了坚实的理论基础。2007—2017年，随着农业生产对土壤质量要求的不断提高，这一阶段研究者们愈发重视铜这一微量元素在土壤中的表现及其对作物生长的影响。在这一阶段，研究者们不仅探讨了铜在土壤中的有效性，还深入分析了影响铜有效性的多种因素，如土壤 pH 值、有机质含量、土壤类型等。这些研究有助于更全面地理解铜在土壤中的行为规律，进而为优化土壤管理和提高作物产量提供科学依据。2018—2024年，随着环境保护意识的增强和农业可持续发展的需求，这一阶段研究者们着眼于铜在对农田土壤空间分布特征及影响因素等问题，铜在农田土壤中的行为及其潜在影响受到了广泛关注。这一阶段的研究通过更深入地了解铜在农田土壤中的行为规律，为制定科学合理的农田土壤管理措施提供了重要依据，更好地保护农田土壤资源，促进农业可持续发展。

外文文献前 20 个突现词分析发现，2001—2007 年这一阶段，国外研究者们关注铜肥的同时，zinc、cadmium、atomic absorption spectrometry、sequential extraction procedure、solubility 等成为突现的关键词，表明在这一阶段，随着对土壤和植物营养的研究逐渐深入，国外研究者开始关注多种元素间的相互作用及其对生态环境和农作物生长的影响。早期学者们对铜肥的关注逐渐拓展到了锌、镉等微量元素以及它们在土壤中的行为特征上，原子吸收光谱法、连续提取法等先进技术的引入更是为这一领域的研究注入了新的活力。2007—2024 年这一阶段，risk assessment、ecological risk、health risk assessment、spatial distribution 逐步成为研究突现关键词，表明这一阶段的国外研究者越来越关注环境健康风险及其空间分布问题。研究者们开始深入探讨铜肥料的应用对人类健康可能产生的潜在威胁，并试图通过科学的评估方法量化这些风险，为政策制定和环境保护提供有力依据。同时，研究者们也加强了对生态风险的研究，探索生态系统中各种因素之间的相互作用及其对生态系统整体稳定性的影响。

第五章 土壤铜营养研究特点与趋势

表 5-4 土壤铜营养研究中英文文献数据的突现词

语种	突现词	年份	强度	开始年份	结束年份	突现时间段 1980—2024 年
中文	形态	1990	1.7	1990	2000	
	含量	1994	1.49	1994	2005	
	民丰县	2001	1.33	2001	2002	
	山羊	2001	1.33	2001	2002	
	土壤	1988	1.77	2003	2006	
	地统计学	2007	2.35	2007	2015	
	有效铜	2003	1.36	2007	2009	
	产量	2006	3.41	2012	2019	
	植烟土壤	2004	2.51	2013	2019	
	有效锌	2003	1.80	2013	2014	

(续表)

语种	突现词	年份	强度	开始年份	结束年份	突现时间段 1980—2024 年
中文	有效性	2005	1.49	2013	2017	
	烤烟	1996	1.41	2013	2015	
	土壤养分	2003	3.15	2014	2019	
	品质	2008	1.94	2014	2019	
	空间变异	2007	1.9	2014	2015	
	空间分布	2015	1.99	2015	2018	
	猪粪	2015	1.75	2015	2016	
	农田土壤	2019	1.60	2019	2024	
	分布特征	2010	1.37	2019	2022	
	影响因素	2013	2.92	2022	2024	

(续表)

语种	突现词	年份	强度	开始年份	结束年份	突现时间段 2001—2024 年
英文	zinc	2001	14.49	2001	2007	
	cadmium	2001	11.76	2002	2007	
	atomic absorption spectrometry	2002	8.94	2002	2011	
	sequential extraction procedure	2002	6.45	2002	2015	
	solubility	2002	5.86	2002	2012	
	lead	2001	6.56	2006	2007	
	risk assessment	2006	7.58	2017	2024	
	ecological risk	2015	7.58	2017	2024	
	health risk assessment	2018	16.41	2018	2024	
	spatial distribution	2015	12.56	2018	2024	

（续表）

语种	突现词	年份	强度	开始年份	结束年份	突现时间段 2001—2024 年
英文	health risk	2012	10.56	2018	2024	
	source apportionment	2018	9.43	2018	2024	
	source identification	2018	6.03	2018	2022	
	vegetables	2004	7.31	2019	2024	
	heavy metal pollution	2004	7.02	2019	2024	
	risk	2013	6.88	2019	2024	
	potentially toxic elements	2010	8.43	2020	2024	
	health risks	2014	8.08	2021	2024	
	tolerance	2011	5.74	2022	2024	

第六章 土壤锌营养研究特点与趋势

一、土壤锌循环与转化特点

(一) 土壤锌丰缺状况

土壤中的锌（Zn）是一种重要的微量元素，对于植物的生长和发育至关重要。土壤锌的总体含量状况通常以全量和有效量来衡量。全量是指土壤中锌的总含量，而有效量则是指植物可以吸收利用的部分。我国土壤的锌含量为 3~790 μg/g，平均含量约为 100 μg/g。土壤锌含量因土壤类型而异，并受成土母质的影响。缺锌土壤主要为石灰性土壤，包括石灰性水稻土（刘铮，1994）。中国生态环境部发布的《土壤环境质量农用地土壤污染风险管控标准（试行）》（GB 15618—2018）规定了农用地土壤中铜、锌等元素的含量限值。此外，农业农村部也发布了关于土壤中铜、锌等元素的测定方法的标准。

土壤中的锌全量是指土壤中锌元素的总含量。根据多个来源的信息，我国土壤锌含量范围较广，为 3 709 μg/g，平均含量为 100 mg/kg（或 100 μg/g）（刘铮，1991）。不同地区的土壤锌含量存在显著差异，可能受到土壤类型、成土母质、气候条件及人为活动等多种因素的影响。从全国土壤锌的分布来看，由南到北，土壤锌含量明显降低，南方土壤全锌含量为 163 mg/kg，而北方土壤全锌含量只有 78 mg/kg。最有代表性的是南方的红壤和北方的石灰性土壤。土壤有效锌是指土壤中能被植物直接吸收利用的锌的形态，目前有两种表示方式一种是用 DTPA-Zn 表示，一种是用 HCl 浸提的锌表示，临界值分别为 0.5 mg/kg 和 1.5 mg/kg（邹春琴，2009）。有效锌的含量受到土壤 pH 值、有机质含量、氧化还原电位等多种因素的影响。一般来说，土壤有效锌的含量越高，越有利于植物的生长和发育。土壤锌含量的高低评价需要结合具体区域、土壤类型及作物需求等因素进行。在某些地区，由于地质背景或人为活动等原因，土壤锌含量可能较高，甚至超过作物生长的需求，导致锌污染的风险增加。而在另一些地区，土壤锌含量可能较低，无法满足作物的正常生长需求，需要采取补充锌肥等措施。目前，参照《土地质量地球化学评价规范》（DZ T 0295—2016），土壤锌养分地球化学等级划分标准为：丰富（84 mg/kg<Zn 含量≤200 mg/kg）、较丰富（71 mg/kg<Zn 含量≤84 mg/kg）、中等（62 mg/kg<Zn 含量≤71 mg/kg）、较缺乏（50 mg/kg<Zn 含量≤62 mg/kg）、缺乏（≤50 mg/kg）。这些标准对于评价土壤锌的丰缺状况具有一定的指导意义。从全国范围来看，土壤锌的丰缺状况存在显著差异。一些地区由于地质背景、气候条件等因素，土壤锌含量较高，属于丰富或较丰富的状态。然而，也有许多地区土壤锌含量较低，存在缺锌的风险。特别是在我国西北和华北地区，以及江苏北部、湖北、安徽等地的石灰性土壤中，锌的含量普遍较低，需要采取措施进行补充。此外，土壤有效锌的丰缺指标也因地区而异。一般来说，北方地区土壤有效锌含量小于 1.0 mg/kg，南方地区土壤小于 1.5 mg/kg 时就需要施用锌肥。这表明我国土壤有效锌含量普遍较低，需要通过施肥等措施来提高土壤锌的有效性，满足作物的生长需求。根据研究，中国水稻土中缺锌问题较为普遍，尤其是东北和长江三角洲地区。中国水稻土缺锌的比例在不同地区有所差异，东北、长三角、长江中游、西南和华南地区缺锌水稻土的比例分别为 75.0%、52.3%、31.9%、53.2%和 10.4%（张璐等，2020）。

（二）土壤锌的循环与转化

土壤锌在土壤中的形态、有效性以及投入物质和投入量对作物生长至关重要。我国土壤中锌的含量在不同地区差异显著，整体含量范围为 2.60~593 mg/kg，平均含量约为 25.1 mg/kg（林蕾，2012）。土壤锌含量受成土母质、土壤类型和土地利用方式等多种因素影响。GB 15618—2018《土壤环境质量 农用地土壤污染风险管控标准（试行）》规定了农用地土壤中铜、锌等元素的含量限值。土壤锌的风险筛选值根据土壤 pH 值的不同而有所变化，pH≤5.5、5.5<pH≤6.5、6.5<pH≤7.5 和 pH>7.5 时，土壤锌的风险筛选值分别为 200 mg/kg、200 mg/kg、250 mg/kg 和 300 mg/kg。

我国农田土壤有效锌含量整体处于中等水平，但存在区域差异，南方和东部地区相对较高，北方和西部地区相对较低（王子腾等，2019）。2005—2015 年，土壤有效锌含量呈上升趋势。土壤中的锌主要来源于成土母质和人为活动。成土母质中的锌元素在风化过程中逐渐释放到土壤中，形成土壤锌的自然来源。而人为活动，如施用含锌肥料、使用含锌的污水灌溉、大气沉降等，则是土壤锌的重要补充来源。锌的投入量因地区、土壤类型、作物种类及施肥习惯等因素而异。土壤中的锌以多种形态存在，主要包括水溶态锌、代换态锌（交换态锌）、难溶态锌和有机态锌等。水溶态锌含量极少，一般在 ppb（μg/L）的浓度范围内，对植物的有效性较高，但易受环境条件影响而减少；代换态锌（交换态锌）包括锌离子和含锌络离子，含量在 1~10 ppm（mg/L）之间，是植物吸收利用的主要形态。难溶态锌主要存在于土壤矿物晶格中，难以被植物吸收利用。有机态锌是与土壤有机质结合形成的锌形态，需经有机质分解后才能释放并被植物吸收。

土壤锌有效性受到多种因素的影响，包括土壤 pH 值、有机质含量、氧化还原电位、碳酸钙含量、土壤湿度、其他元素的相互作用等。土壤 pH 值是影响土壤锌有效性的关键因素。在酸性土壤中，锌的有效性较高；而在碱性土壤中，锌的有效性显著降低。每当土壤 pH 值增加一个单位，锌的溶解度就会降低到原来的 1%；有机质含量高的土壤通常能吸附更多的锌离子，形成有机态锌。但有机质又能通过分解释放锌离子，增加锌的有效性。因此，有机质对土壤锌有效性的影响具有双重性；氧化还原电位：氧化还原电位的变化可以影响土壤中铁锰氧化物的还原和溶解过程，进而影响锌的形态和有效性。在还原条件下，锌可能被还原为更易溶的形态，提高其有效性。在石灰性土壤中，碳酸钙含量较高时可能形成锌的碳酸盐沉淀物，降低锌的有效性；土壤湿度适中时有利于锌的溶解和植物吸收；土壤中其他元素的含量和比例也会影响锌的有效性。例如，铜、镍等元素可能与锌竞争植物根系表面的吸收位点；而磷元素则可能与锌形成难溶性的磷酸锌沉淀物。进入土壤中的锌主要以残留态为主，很少量以可溶态存在于土壤溶液中，后者数量虽少，产生的生物毒害却很强，研究结果表明，施用石灰后土壤中可交换态的 DTPA-Zn 比对照降低了 23.1%，而施用腐殖质和 EDTA 处理后，DTPA-Zn 的含量明显上升，可见提高土壤的 pH 值有利于 Zn 的固定，而增加土壤中的有机质则会活化土壤中被固定的难溶态 Zn（Lombnaes et al.，2008）。

土壤锌的循环与转化是一个受多种因素影响的复杂过程，不同土壤类型对锌的吸附和固定能力不同，因此其锌含量和形态分布也存在差异（Martin et al.，2019）。例如，黏土矿物含量高的土壤通常对锌有较强的吸附能力；而砂质土壤则相对较弱。此外，环境条件的变化也会影响土壤锌的循环与转化。例如，降雨和灌溉等水文过程可以改变土壤溶液的组成和 pH 值；温度的变化可以影响有机质的分解速率和微生物的活动性；施肥等农业活动则可以改变土壤锌的投入量和形态分布。

（三）作物对土壤锌的吸收利用

土壤中的锌对作物生长至关重要，它参与多种酶的活性，对植物的生长发育、产量和品质都有显著影响。植物主要通过根系吸收土壤中的锌，特别是以 Zn^{2+} 的形式。吸收的锌通过根系进入植物体内后，部分被运输到叶片和其他生长活跃的部位，参与多种生理过程，如蛋白质合成、细胞分裂和光合作用。锌在植物体内的运输涉及多种转运蛋白，如 ZIP 家族蛋白和铁锌控制运转相关蛋白（ZRT/IRT）等（汪洪，2009）。吸收到植物体内的锌主要通过木质部运输至地上部分，包括茎、叶和果实等。在运输过程中，锌可以与有机配体结合形成复合物，从而防止其毒性并促进其移动。到达地上部分后，锌成为多种酶的组成部分，参与光合作用、呼吸作用、蛋白质合成及植物生长素的合成等多个关键生理过程；锌还参与叶绿素的合成和细胞膜的稳定性维持等过程，对作物的生长发育和产量品质产生重要影响。锌能促进细胞分裂和伸长，加速植物体内营养物质的转运和利用，从而促进作物的生长发育；锌参与植物体内多种抗氧化酶的合成，提高植物清除自由基的能力，减少细胞膜脂质过氧化，从而保护细胞膜结构完整，增强作物对逆境的抵抗能力；锌能促进作物体内蛋白质、维生素等营养物质的合成与积累，使作物口感更佳、营养价值更高。在果树生产中，锌肥的应用还能促进果实着色，提高果实的硬度和耐贮性，延长货架期；通过改善作物的光合作用效率、提高养分吸收利用率等途径，锌肥能够显著提高作物的单株产量和群体产量。适量的锌对作物生长是必需的，它影响作物的生长发育、繁殖和品质。缺锌可导致生长迟缓、叶片变小、新叶发黄等症状。然而，锌过量同样会对作物产生毒害作用，影响作物的正常生长，导致叶尖和叶缘出现褐色斑点，严重时整个叶片可能坏死。

土壤中的锌以多种形态存在，包括水溶态锌、代换态锌（交换态锌）、难溶态锌和有机态锌等。其中，水溶态锌和代换态锌是植物吸收利用的主要形态。代换态锌因其易于与土壤中的其他离子进行交换，因此具有较高的生物有效性。而土壤锌的有效性受多种因素影响，包括土壤 pH 值、有机质含量、土壤结构、土壤水分状况、土壤中其他离子的竞争作用等。例如，锌在土壤中的有效性受土壤 pH 值的强烈影响。在酸性土壤中，锌的有效性较高，因为锌主要以可交换态和溶解态存在，易于被植物吸收。当 pH 值升高时，锌会与氢氧根离子形成难溶的氢氧化锌沉淀，降低其有效性。

而土壤中的有机质可以与锌形成有机-金属复合物，从而影响锌的吸附、解吸和迁移。高有机质含量的土壤通常具有较高的锌容量，有助于提高锌的有效性。

(四) 土壤锌的环境分析

土壤中锌的过量会对作物产生毒害作用，影响作物的生长发育。土壤锌过量的环境指标通常通过土壤中锌的全量或有效态含量来判定。土壤中锌的自然浓度通常为 10～300 mg/kg，平均约为 50 mg/kg，不同国家的土壤环境质量标准不同，但通常超过这个自然浓度范围的锌含量可能对作物或环境造成风险（陈世宝等，2013）。

过量的锌会抑制作物的生长，导致植株矮小、节间缩短、叶片变小，叶片褪绿、黄化、斑点或坏死等现象，严重时叶片会枯萎脱落，根系伸长受阻、根系变短、根毛减少，作物产量显著下降，品质降低。这主要是因为过量的锌离子在植物细胞内打破了原有的离子平衡，阻碍了正常离子的吸收、运输、渗透和调节等活动，导致矿物质代谢紊乱；锌过量会主动结合植物体内的某些酶蛋白的非活性基团，影响酶的活性，从而干扰植物的正常生理功能；锌胁迫条件下，会干扰铁离子的正常代谢功能，影响叶绿素的产生和生理功能，导致叶片褪绿黄化；过量的锌离子会严重破坏植物细胞膜的透性，直接伤害其生物膜系统，对植物的生理功能造成不可逆转的伤害作用；锌过量还会引起植物超微结构的改变，包括影响细胞膜的通透性、植物光合作用、呼吸作用及植物的代谢物质等。

针对土壤锌污染，我国已经制订了相应的土壤污染防治行动计划，旨在改善土壤环境质量，保障农产品质量和人居环境安全。治理措施包括农艺调控、植物修复、化学稳定化、土壤替代、客土法等（陈玉真等，2012）。

二、土壤锌营养研究的进程分析

土壤锌营养研究的文献数据以 SCI-E（Science Citation Index

Expanded，2001年至今）数据库为基础数据来源，中文文献来源于中国知网的中文学术期刊和学位论文出版总库。检索到 CNKI 期刊论文共 822 篇、CNKI 学位论文共 256 篇，WoS 核心合集 2001 年以来英文论文数量比 CNKI 中文期刊论文数量有较大增多，共 2 343 篇（图 6-1）。CNKI 期刊关于土壤锌营养的首篇期刊论文在 1965 年发表，此后至 1983 年波动增长至最多 22 篇，之后至 2006 年呈波动变化，2007—2015 年呈上升趋势，2015 年最多为 43 篇，再之后下降趋势。CNKI 中学位论文的数量在 2000—2014 年呈波动上升趋势，2014 年最高为 21 篇，2020—2023 年维持在 10~14 篇。WoS 核心合集 2001 年以来关于土壤锌营养的研究，发文量随时间的增长呈现上升的趋势，2017—2023 年均超过 130 篇。

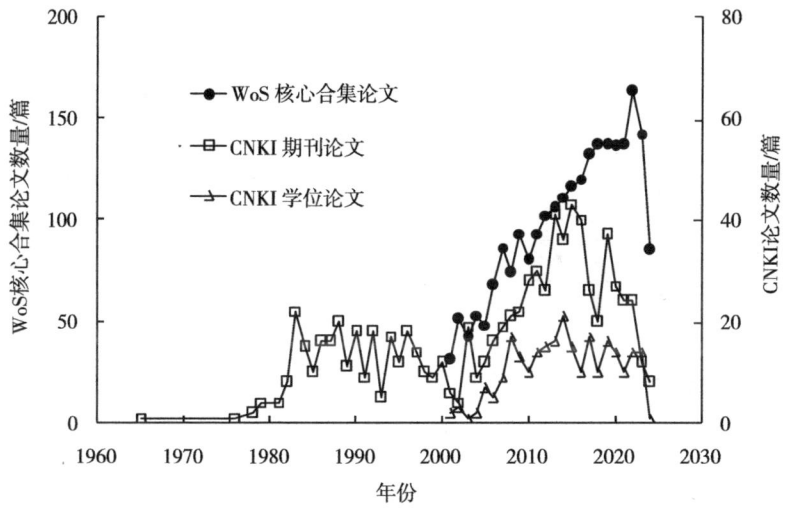

图 6-1 土壤锌营养研究论文随时间分布

对研究机构的分析可以对国内外土壤微量元素锌研究领域强势研究机构进行挖掘。如表 6-1 所示，CNKI 数据库中文期刊论文和学位论文主要来自农林院所。

表 6-1 土壤锌营养研究机构分布

编号	期刊论文 研究机构	数量	学位论文 研究机构	数量	WoS 核心合集论文 研究机构	数量
1	西北农林科技大学	28	西北农林科技大学	60	Chinese Academy of Sciences	116
2	中国科学院南京土壤研究所	18	南京农业大学	12	Centre National de la Recherche Scientifique	81
3	河南农业大学	15	河南农业大学	11	INRAE	78
4	山西农业大学	12	浙江大学	11	University of Warmia & Mazury	46
5	沈阳农业大学	11	华中农业大学	9	Consejo Superior de Investigaciones Cientificas	43
6	华中农业大学	10	扬州大学	9	Czech University of Life Sciences Prague	39
7	中国农业大学	9	西南大学	8	Egyptian Knowledge Bank	36
8	南京农业大学	9	湖南农业大学	7	University of Chinese Academy of Sciences, CAS	36
9	四川农业大学	8	吉林农业大学	7	United States Department of Agriculture	35
10	中国科学院沈阳应用生态研究所	8	山西农业大学	7	Universite de Lorraine	30
11	湖南农业大学	8	中国农业科学院	7	Institut de Recherche pour le Developpement	27

(续表)

编号	期刊论文		学位论文		WoS 核心合集论文	
	研究机构	数量	研究机构	数量	研究机构	数量
12	中国科学院水利部水土保持研究所	7	安徽农业大学	6	Swiss Federal Institutes of Technology Domain	26
13	新疆农业大学	7	内蒙古农业大学	6	Bu Ali Sina University	26
14	中国农业科学院农业资源与农业区划研究所	6	四川农业大学	6	Universite de Lille	25
15	江西农业大学	6	甘肃农业大学	5	Polish Academy of Sciences	25
16	西南大学	6	贵州大学	5	University of Belgrade	25
17	云南农业大学	5	河北农业大学	5	UK Research & Innovation	23
18	青岛农业大学	5	东北农业大学	4	Universite Paris Saclay	23
19	湖南省农业科学院土壤肥料研究所	5	福建农林大学	4	University of Wuppertal	22
20	浙江农业大学	5	广西大学/黑龙江八一农垦大学/山东农业大学/中国农业大学	4	ETH Zurich	22

在土壤锌营养研究领域，CNKI 数据库中文期刊论文发文量最多的两个机构为西北农林科技大学（28 篇）和南京土壤研究所（18 篇）。西北农林科技大学土壤锌营养研究相关的学位论文发文量最多，为 60 篇，远远多于其他研究机构。WoS 核心合集土壤锌营养研究方面发表论文数量方面，中国科学院发表最多，为 116 篇，显示了其在土壤锌营养研究方面的研究实力。

土壤锌营养研究 CNKI 期刊论文共发表在 354 个中文期刊中，发表论文数量排前 20 位左右的期刊如表 6-2 所示，基本以农林类期刊为主，发文量超过 10 篇的期刊有 11 个，分别为《土壤通报》《植物营养与肥料学报》《农民致富之友》等期刊，显示了该研究领域发表论文较高的研究水平。2 343 篇英文论文共发表在 527 个国际期刊上，发表论文数量排前 20 位左右的期刊基本还是以农林类期刊为主。这些数据不仅反映了土壤锌营养研究领域的广泛性和活跃性，也揭示了该领域在学术期刊中的分布情况。进一步观察 WoS 核心合集论文的发表情况，可以看出国际期刊在这一领域同样扮演着举足轻重的角色。尽管期刊种类繁多，但论文主要集中在少数几个高质量的期刊上，这反映了土壤锌营养研究在国际上的关注度和认可度。

表 6-2　国内外土壤锌营养研究中英文文献期刊分布

编号	中文期刊		英文期刊	
	名称	论文数量	名称	论文数量
1	土壤通报	24	Science of the Total Environment	126
2	植物营养与肥料学报	18	Environmental Science and Pollution Research	104
3	农民致富之友	15	Environmental Monitoring and Assessment	76
4	安徽农业科学	14	Environmental Pollution	64

(续表)

编号	中文期刊		英文期刊	
	名称	论文数量	名称	论文数量
5	土壤学报	13	Communications in Soil Science and Plant Analysis	56
6	河南农业	12	Water Air and Soil Pollution	53
7	土壤肥料	12	Chemosphere	49
8	中国土壤与肥料	12	Environmental Geochemistry and Health	43
9	农业科技通讯	11	Environmental Earth Sciences	42
10	现代农村科技	11	Geoderma	35
11	中国农学通报	11	Fresenius Environmental Bulletin	35
12	西南农业学报	10	Journal of Geochemical Exploration	33
13	甘肃农业科技	9	Journal of Soils and Sediments	33
14	贵州农业科学	9	Soil & Sediment Contamination	33
15	农业环境科学学报	9	Ecotoxicology and Environmental Safety	31
16	现代农业	9	Journal of Hazardous Materials	29
17	农村科技	8	Plant and Soil	27
18	土壤	8	International Journal of Environmental Research and Public Health	26
19	农业科技与信息	7	International Journal of Phytoremediation	25
20	现代农业科技	7	Applied Geochemistry	24

三、土壤锌营养研究的重点方向

由图 6-2 可以看出，共现网络中关键词与关键词之间交错纵横，说明国内对土壤锌营养的研究所涉及的领域较广。对国内土壤锌营养的研究文献进行关键词分析，获得最高频关键词如表 6-3 所示。一般认为，关键词出现频次高、中心性强的为研究热点。经统计发现，国内土壤锌营养研究关注热点是微量元素（169）、土壤（90）、产量（84）、锌肥（55）、品质（55）等。对国外土壤锌营养的研究文献进行关键词分析，研究关注热点是 trace elements（1 124）、heavy metals（1 074）、zinc（878）、cadmium（545）、copper（449）等。国外土壤锌营养研究关注的热点与国内整体相似，也有不同之处。总体而言，国外土壤微量元素锌的研究内容主要集中在土壤微量元素及其重金属的影响。

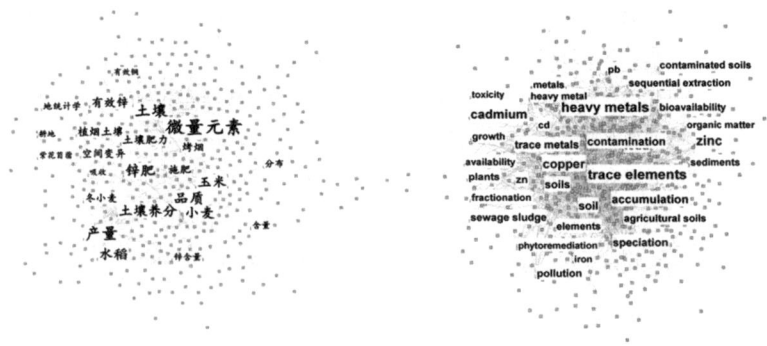

图 6-2　土壤锌营养研究中英文文献数据的关键词共现网络

表 6-3　土壤锌营养研究中英文文献数据的高频关键词

编号	中文文献			英文文献		
	关键词	频次	中心度	关键词	频次	中心度
1	微量元素	169	0.53	trace elements	1 124	0
2	土壤	90	0.33	heavy metals	1 074	0.01
3	产量	84	0.11	zinc	878	0.01
4	锌肥	55	0.06	cadmium	545	0
5	品质	55	0.11	copper	449	0.03
6	土壤养分	49	0.16	lead	375	0.03

(续表)

编号	中文文献			英文文献		
	关键词	频次	中心度	关键词	频次	中心度
7	小麦	47	0.16	accumulation	316	0.05
8	水稻	46	0.14	soil	289	0.05
9	玉米	42	0.07	contamination	253	0.05
10	有效锌	23	0.04	soils	236	0.06
11	施肥	19	0.06	trace metals	221	0.06
12	土壤肥力	19	0.06	speciation	210	0.04
13	植烟土壤	19	0.05	plants	192	0.05
14	烤烟	16	0.04	pollution	182	0.08
15	冬小麦	15	0.02	zn	175	0.03
16	空间变异	15	0.01	sewage sludge	171	0.06
17	分布	10	0.03	sediments	156	0.07
18	地统计学	10	0.02	bioavailability	154	0.03
19	含量	9	0.02	sequential extraction	141	0.04
20	锌含量	9	0.01	agricultural soils	140	0.06

图 6-3 CNKI 文献结果显示，国内土壤锌营养研究文献关键词共现网络共形成 10 个聚类，标识了该研究领域的知识基础结构及其动态演进的过程。聚类#0、#1、#2、#3、#4、#5、#6、#7、#8、#9 交互叠错、联系较紧密，主要聚焦于土壤养分、土壤锌与 pH 值、有效性及不同作物对土壤锌的响应等。WoS 核心合集英文文献结果显示，国外土壤锌营养研究文献关键词共现网络共形成 10 个聚类，标识了该研究领域的知识基础结构及其动态演进的过程。聚类彼此之间纵横交错、联系紧密，现在研究人员普遍研究的是微量元素风险评估，因此国外主要聚焦于微量元素利用及重金属污染等问题。

图 6-3　土壤锌营养研究中英文文献数据的关键词聚类图谱

四、土壤锌营养研究的变化趋势

时间线图是将每一个聚类类别的文献按时间顺序从左到右依次排列出来，直观反映了各个研究热点随时间的演变情况。如图6-4所示，在 CNKI 数据库中，从 1986 年开始，就出现了较早的关于土壤微量元素锌的研究文献，从#0 到#2 聚类的数据数量都是相对较多的，这说明了这些聚类领域的重要性，并且时间跨度都很大。关键词微量元素（0.53，#0）、土壤（0.33，#1）、小麦（0.16，#5）等词中心度>0.1，这些词往往为连接不同领域的关键枢纽。在 WoS 核心合集英文数据库中，#0 risk assessment、#1 phytoremediation、#2 sequential extraction、#3 micronutrients、#4 heavy metals 这 5 个聚类中引线较多，说明这 5 个聚类中文献较多，显示了这些聚类领域很重要，且时间跨度较大。可以说，这几组标识词基本概括了国外土壤锌营养的主要研究方向及达到的效果，也代表了研究热点的发展情况和结构变化情况。

为验证土壤锌营养研究热点的识别结果，分析研究趋势，提取近 30 年土壤锌营养研究领域的突现词进行分析。表 6-4 中显示中文文献中前 20 个突现词。1986—2008 年学者们关注微量元素及其含量等问题，这一阶段微量元素锌逐渐进受到了学者们的关注。

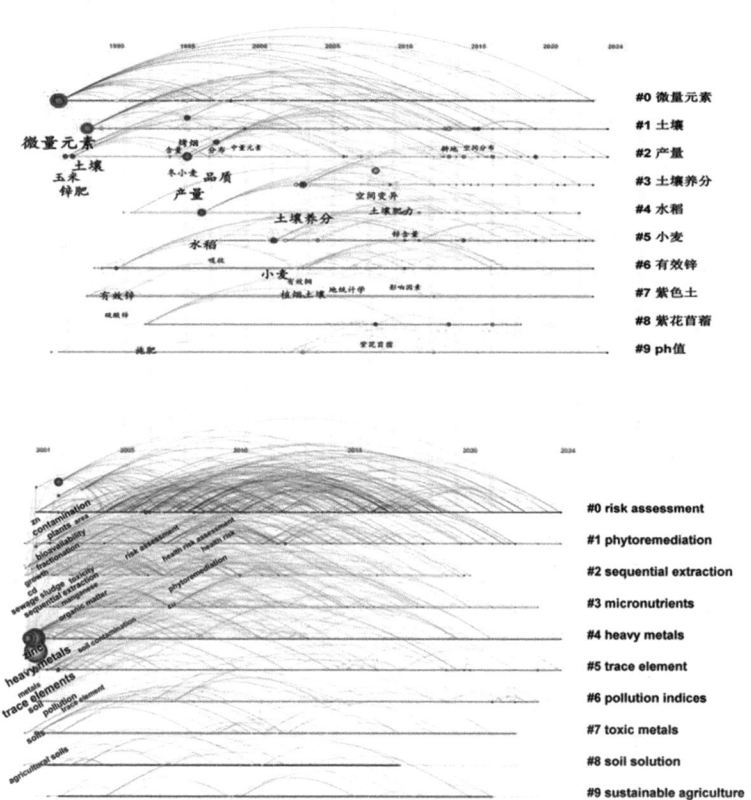

图 6-4　土壤锌营养研究中英文文献数据的时间线图

2008—2013 年这一阶段学者们主要研究不同作物对土壤锌的响应及外源添加于作物的效果等问题。2013—2024 年这一阶段学者们着眼于土壤微量元素的分布特征及影响因素等问题。除此之外，土壤养分、锌肥、有效性自出现至今仍为热门的关键词，是土壤锌营养研究领域的前沿热点，说明我国目前提倡施用绿色高效肥料，并且学者仍持续关注土壤微量元素领域的热点，以期能够研究出土壤

表 6-4 土壤锌营养研究中英文文献数据的突现词

语种	突现词	年份	强度	开始年份	结束年份	突现时间段 1981—2024 年
中文	微量元素	1986	3.60	1986	1997	
	含量	1994	2.54	2005	2008	
	紫花苜蓿	2008	2.94	2008	2014	
	有效锌	1990	3.64	2009	2017	
	水稻	1996	4.24	2010	2014	
	植酸	2010	3.03	2010	2011	
	籽粒	2010	2.78	2010	2012	
	植烟土壤	2003	3.45	2011	2018	
	烤烟	1995	4.15	2012	2015	
	土壤肥力	2009	3.44	2012	2013	

(续表)

语种	突现词	年份	强度	开始年份	结束年份	突现时间段 1981—2024 年
中文	中量元素	1999	2.66	2013	2014	
	空间分布	2015	3.19	2015	2019	
	土壤养分	2003	2.91	2015	2019	
	锌肥	1987	4.43	2016	2018	
	分布特征	2010	3.09	2019	2022	
	生物强化	2019	3.04	2019	2024	
	硫酸锌	1990	2.86	2019	2020	
	小麦	2001	3.44	2020	2022	
	锌含量	2010	2.53	2020	2022	
	影响因素	2010	3.57	2022	2024	

(续表)

语种	突现词	年份	强度	开始年份	结束年份	突现时间段 2001—2024 年
英文	copper	2001	13.73	2001	2007	
	cadmium	2001	7.28	2001	2006	
	sorption	2001	6.59	2001	2011	
	speciation	2001	7.62	2002	2011	
	sequential extraction procedure	2002	6.46	2002	2015	
	elements	2001	5.88	2004	2008	
	samples	2005	6.53	2005	2015	
	lead	2001	6.15	2006	2008	
	fractionation	2002	5.78	2006	2011	
	source apportionment	2017	7.9	2017	2024	

(续表)

语种	突现词	年份	强度	开始年份	结束年份	突现时间段 2001—2024 年
	food crops	2017	6.3	2017	2024	
	health risk assessment	2008	15.57	2018	2024	
	health risk	2009	7.94	2018	2024	
	potentially toxic elements	2010	7.68	2018	2024	
英文	heavy metal pollution	2004	7.35	2019	2024	
	risk	2016	6.55	2019	2024	
	health risks	2018	7.81	2020	2024	
	ecological risk	2015	8.51	2021	2024	
	spatial distribution	2010	6.16	2021	2024	

锌高效利用的调控措施。外文文献前 20 个突现词表示早期学者们关注 copper、cadmium、sorption、speciation、sequential 等，表明国外学者早期主要研究微量元素的吸附及对土壤环境的变化，并且这一阶段突现词的突现时间段持续时间较长；后期国外学者着眼于土壤微量元素重金属风险评估及污染研究。在 2018—2024 年这一阶段，学者们主要重金属污染问题，说明国外学者们近年来对土壤微量元素逐渐着眼于绿色高效。综合国内外期刊论文突现词分析，说明国内外近年来对于微量元素锌的研究，着重点都在于低污染、绿色高效、可持续性农业发展。

第七章 土壤钼营养研究特点与趋势

一、土壤钼循环与转化特点

(一) 土壤钼丰缺状况

土壤中的钼（Mo）是植物生长和发育必需的微量元素之一，尽管其需求量相对较小，但对于植物的固氮和硝酸盐还原等过程至关重要。土壤中的钼含量以全量来衡量，指的是土壤中钼元素的总含量。具体的全量数据可能因土壤类型、地区、母质等多种因素而异。一般来说，中国土壤中钼的含量总体较低，中国土壤的全钼含量为 0.1~6.0 mg/kg，平均约为 1.7 mg/kg（邹春琴等，2009）。土壤中钼的有效含量通常较低，因为钼在土壤中主要以难溶的硫化物形式存在。不同地区土壤中钼含量和土壤酸碱性的不同，农作物中钼含量有很大差异，同时不同农作物对钼的吸收也不相同（夏炎等，2021；刘铮和朱其清，2024）。中国农业农村部发布的相关标准中，土壤全量元素方法检出限和定量限，钼的检出限为 0.20 mg/kg，定量限为 0.60 mg/kg。

有效钼的含量受土壤 pH 值、有机质含量、氧化还原电位等多种因素影响。土壤有效钼用 1 mol/L 草酸-草酸铵溶液浸提量表示，其缺乏临界值为 0.15 mg/kg，低于临界值的土壤上容易发生植物缺钼，尤其是豆科作物（邹春琴等，2009）。土壤钼的含量和分布存在明显的地域差异。一般来说，西北地区的土壤钼含量相对较高，如甘肃、新疆、青海等省区的土壤钼含量均在 0.5 mg/kg 以上。而东南沿海地区的土壤钼含量较低，如广东、福建、浙江等省的土壤钼含量均在 0.2 mg/kg 以下。此外，土壤类型、地貌、气候等因素也会影响土壤中钼的含量和分布。从全国范围来看，土壤钼的丰缺状况呈现明显的地域差异。一方面，在钼含量较高的地区，如西北地区，可能不需要额外施加钼肥就能满足作物生长的需求。另一方面，在钼含量较低的地区，如东南沿海地区和一些丘陵山区，土壤钼可能成为限制作物生长的重要因素之一。因此，在农业生产中应根据土壤钼的丰缺状况合理施用钼肥以提高作物产量和品质。

（二）土壤钼的循环与转化

土壤中的钼以多种形态存在，包括水溶态、交换态、难溶态和有机态等。这些形态的钼对植物的有效性各不相同。其中，水溶态和交换态钼是植物可以直接吸收利用的主要形态，其含量和比例直接影响土壤钼的有效性。土壤钼的有效性还受到土壤 pH 值、有机质含量、氧化还原电位等多种因素的影响。土壤钼的转化关键机制特征同第一章介绍，见表 1-5。一般来说，碱性土壤中钼的有效性较高，而在酸性土壤中，钼酸根离子易被土壤胶体所吸附，其有效性会降低。此外，有机质含量高的土壤通常具有更好的钼保持能力，有利于钼的有效性。环境条件如温度、湿度、降水等也会对土壤钼的有效性产生影响。例如，高温和干旱条件可能会降低土壤中的水分含量和微生物活性，从而影响钼的转化和有效性。此外，降水量的多少也会影响土壤中的淋溶作用和水土流失情况，进而影响土壤钼的含量和分布。

（三）作物对土壤钼的吸收利用

土壤中的钼主要以钼酸根阴离子（MoO_4^-）的形态存在，这是植物能够吸收的主要形态。植物通过根系从土壤中吸收钼，其吸收速率与代谢活动密切相关。在根系吸收过程中，钼酸根阴离子与硫酸根等阴离子存在竞争关系，而磷酸根则能促进钼的吸收。被植物根系吸收的钼以无机阴离子和有机钼-硫氨基酸络合物形态在植物体内移动。钼在植物体内的分布通常呈现从根到茎、叶（花、籽）逐渐降低的趋势，这被称为被动吸收运输。然而，在某些情况下，如豆科植物中，钼的含量可能从根到茎、叶逐渐升高，这称为主动吸收运输。钼在植物体内主要参与氮素循环、光合作用等过程，并成为硝酸还原酶、固氮酶等关键酶的组成部分。

钼对作物的生长发育和产量品质具有重要影响。首先，钼能促进植物对氮的吸收和利用，提高氮素代谢效率，从而增加蛋白质的合成和氮元素的转运速度。这有助于促进植物的生长和发育，提高作物的产量。其次，钼还能增强植物的光合作用，提高叶绿素的含量与稳定性，有利于光合作用的正常进行。最后，钼还能增强作物的抗旱、抗寒、抗病能力，提高作物的抗逆性。

钼是作物必需的微量元素之一，缺乏钼会导致作物生长不良。缺钼的作物通常表现为叶片失绿、叶脉间出现黄绿色或橘红色叶斑、生长缓慢等症状。缺钼还会影响作物的氮素代谢和光合作用等生理过程，导致作物产量和品质下降。过量施用钼肥会导致土壤中钼元素含量过高，过量的钼会抑制作物对铁元素的吸收，导致作物出现黄化症状，在某些情况下，过量的钼甚至会导致作物中毒，表现为叶片卷曲、凋萎、坏死等症状。因此农业生产中应避免过量施用钼肥以确保作物的健康生长（李路等，2022）。

（四）土壤钼的环境危害分析

土壤中钼含量的变化对环境有着复杂的影响。钼是植物、动物和微生物必需的微量元素之一，但同时也是一种重金属元素。适量的钼对植物生长和发育至关重要，但过量的钼则可能产生毒性，对环境和生物健康构成威胁。

Mo 是一个活跃元素，通常处于氧化（Mo^{6+} 占优）或还原（Mo^{4+} 占优）状态，钼在土壤中大多数以无机或有机形态存在于土壤中。目前，大多数人将土壤中的钼分为水溶态钼（可溶解于水中)、有机态钼(存在于有机物质中)、难溶态钼(为原生矿物和铁铝氧化物所固定的钼)、交换态钼(以 MoO_4^{2-} 和 $HMoO_4^{2-}$ 形式被土壤胶体所吸附)4 种类型。上述 4 类型在一定条件下可相互转化,且彼此间的转化较为迅速。土壤溶液中所存在的钼的形式,往往随着 pH 值的变化而变化,当 pH>4 时,以 MoO_4^{2-} 为主;pH 2.5~4,主要形式为 $HMoO_4^-$、$Mo(OH)_6$、$HMo_2O_7^-$;pH<2.5,主要以非离子化的 H_2MoO_4 出现(刘鹏,2001)。

虽然土壤钼缺乏会影响作物产量和品质,但过量钼也会对植物生长和发育造成不良影响。钼污染会导致番茄和甘蓝叶色变紫、大豆叶色变黄;50~600 μmol/L 的钼使菱角根、茎、叶剖面结构发生改变,地下、地上部长度降低;10 mmol/L 的钼使花椰菜根及胚轴长度、子叶长宽度降低;200 mg/kg 的钼使野席草株高、地上部和根部干物质质量分别降低 22.8%、29% 和 15%。这些结果说明当钼含量超过一定水平时植物无法正常生长和繁殖(Tow et al.,2018)。钼污染会抑制植物光合作用和蒸腾作用。研究表明,重金属污染易造成植物叶绿体结构破坏,进而影响其光合作用,且降低幅度与胁迫程度相关(杨雳等,2024)。过量钼(1 000~2 000 mg/kg)会使冬小麦叶绿素 a、叶绿素 b 及总量显著增加,叶绿素 a/b 显著下降,气孔限制因素使其净光合速率显著下降;50 μmol/L 的钼使菱角叶绿体上类囊体排列紊乱,并影响 PSⅡ;过量钼导致植物对铁的吸收量下降,进而阻碍叶绿素合成,导致叶绿体变小或解体(李路等,2016)。此外,高浓度的钼会导致冬小麦、芦苇和香蒲等植物蒸腾速率的下降,推测可能是由于高浓度的钼抑制植物对水分的吸收及在体内的疏导,也可能是高浓度钼下叶片 ABA 水平增加而导致气孔关闭。这些结果表明,同大部分重金属一样,过量钼在一定程度上通过影响植物光合作用和蒸腾作用进而影响植物的生长及发育。

土壤钼污染可通过食物链的传递威胁动物及人体健康。研究表明,当饲料钼含量大于 10 mg/kg,即可引起动物尤其是反刍动物出现腹泻等中毒症状（刘鹏，2001）；我国于 1981 年在江西大余县发现耕牛因食用钼含量高的饲料而出现中毒现象，随后在陕西、河南等土壤高钼区域均发现牛、羊等动物钼中毒症。过量的钼对人体健康危害极大，能诱发心肌坏死、肾结石、尿道结石及痛风等疾病（Vyskocil，1999）。土壤钼污染会引起作物可食部位钼水平的大幅提高，从而影响人类对钼的吸收。成年人钼的可耐受最高摄入量（UL）为 900 μg/d，而闽东某钼矿区大米中的钼含量为 0.58~12.04 mg/kg，该地区米及其制品的消费量为 484.6 g/d，则人体仅通过米及其制品的钼摄入量为 282.23~5 858.66 μg/d；杨家子杖钼矿区周边果园水果钼含量均值为 27.45 mg/kg，中国营养学会推荐的水果摄入量为 200~350 g/d，则人体仅通过水果摄入钼量就可达 5 490.0~9 607.5 μg/d，远高于人体每日最高可耐受摄入量。这些结果表明我国部分钼矿区存在因农田土壤钼污染引发农产品中钼含量过高的风险。但有关钼污染引起的生态风险评价的方法、模型均尚未建立，也缺乏土壤和农产品中钼的限量标准，对产地和农产品中钼含量监测尚不到位，因此对土壤钼污染引起的生态风险及管控策略研究亟待加强。

二、土壤钼营养研究的进程分析

土壤钼营养研究的文献数据以 SCI-E（Science Citation Index Expanded，2001 年至今）数据库为基础数据来源，中文文献来源于中国知网的中文学术期刊和学位论文出版总库。如图 7-1 所示，土壤钼营养研究领域检索到 CNKI 期刊论文共 205 篇、CNKI 学位论文共 54 篇，WoS 核心合集 2001 年以来英文论文共 1 385 篇。CNKI 期刊关于土壤钼营养研究的首篇期刊论文在 1964 年发表，此后呈波动增长趋势，2008 年、2012 年、2015 年最多为 11 篇，此后波动下降趋势。CNKI 中学位论文的数量随年份呈波动变化，2012 年、2013 年、2019 年最高为 5 篇，近年来稳中有减。WoS 核心合集 2001 年以来关于土壤钼营养的研究，发文量随时间的增长呈现上升的趋势，2021 年以来，每年发文量在 100 篇以上。

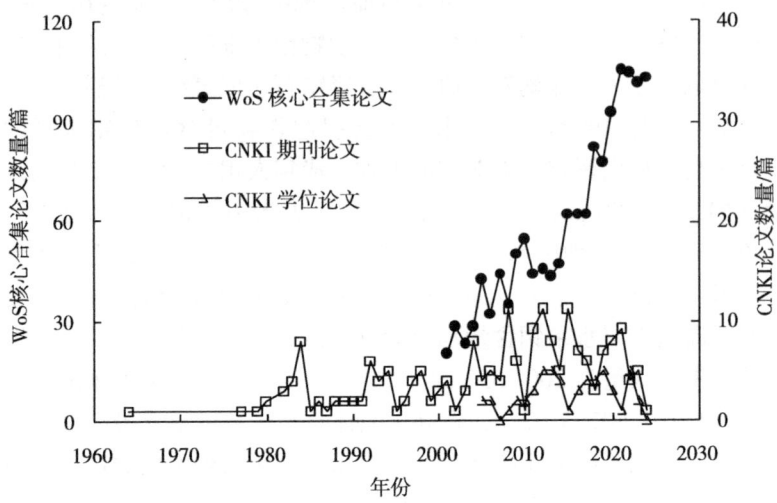

图 7-1　土壤钼营养研究论文随时间分布

土壤钼营养研究论文发表数量排前 20 位左右机构的分布情况如表 7-1 所示。CNKI 数据库中文期刊论文以华中农业大学（9篇）和河南农业大学（8 篇）较多。在土壤钼营养研究领域，CNKI 数据库学位论文发文量最多的为华中农业大学（10 篇）。WoS 核心合集土壤钼营养方面发表论文数量方面，中国科学院和华中农业大学发表最多，分别为 73 和 33 篇，显示了这两个研究机构在土壤钼营养方面的研究优势。

土壤钼营养研究领域 CNKI 期刊论文共发表在 135 个中文期刊中，发表论文数量前列的期刊如表 7-2 所示，基本以农林类期刊为主，发文量较多的期刊包括《土壤通报》《河南农业》《中国钼业》等，显示了该研究领域发表论文较高的研究水平。1 385 篇 SCI WoS 核心合集论文共发表在 497 个国际期刊上，发表论文数量排前 20 位左右的期刊如表所示，基本还是以农林类期刊为主。

表 7-1 土壤钼营养研究机构分布

编号	期刊论文 研究机构	数量	学位论文 研究机构	数量	WoS 核心合集论文 研究机构	数量
1	华中农业大学	9	华中农业大学	10	Chinese Academy of Sciences	73
2	河南农业大学	8	湖南农业大学	4	Huazhong Agricultural University	33
3	湖南农业大学	6	四川农业大学	4	United States Department of Agriculture (USDA)	32
4	中国科学院地球化学研究所	4	安徽农业大学	3	University of California System	30
5	福建师范大学	3	江西农业大学	3	Egyptian Knowledge Bank (EKB)	30
6	安徽农业大学	3	河北农业大学	2	University of Chinese Academy of Sciences, CAS	28
7	郑州牧业工程高等专科学校	3	河南农业大学	2	Ministry of Agriculture & Rural Affairs	26
8	黑龙江省农业科学院黑河农业科学研究所	3	内蒙古农业大学	2	Cornell University	21
9	国际植物营养研究所	2	西北农林科技大学	2	Princeton University	21
10	河南省三门峡市土壤肥料管理站	2	扬州大学	2	Indian Council of Agricultural Research (ICAR)	21
11	山西农业大学	2	中国地质大学	2	State University System of Florida	20

(续表)

编号	期刊论文			学位论文			WoS 核心合集论文	
	研究机构	数量		研究机构	数量		研究机构	数量
12	贵州省农业科学院土壤肥料研究所	2		中国地质科学院	2		Empresa Brasileira de Pesquisa Agropecuaria (EMBRAPA)	20
13	长沙市烟草专卖局	2					China University of Geosciences	18
14	攀枝花大学	2					Zhejiang University	17
15	山东省物化探勘察院	2					Centre National de la Recherche Scientifique (CNRS)	17
16	广东省农业科学院农业资源与环境研究所	2					Universiti Putra Malaysia	17
17	陕西省延安市农业科学研究所	2					University of Florida	16
18	广东省农业科学院土壤肥料研究所	2					Louisiana State University	16
19	陕西省洋县农业技术推广站	2					Louisiana State University System	16
20	盐源县农业和科学技术局	2					Universidade de Sao Paulo	16

表 7-2　国内外土壤钼营养研究中英文文献期刊分布

编号	中文期刊		英文期刊	
	名称	论文数量	名称	论文数量
1	土壤通报	11	Journal of Plant Nutrition	46
2	河南农业	9	Communications in Soil Science and Plant Analysis	46
3	中国钼业	5	Science of the Total Environment	43
4	中国农学通报	5	Chemosphere	29
5	贵州农业科学	4	Environmental Science and Pollution Research	28
6	湖南农业科学	4	Environmental Geochemistry and Health	19
7	土壤肥料	4	Agronomy-Basel	18
8	微量元素与健康研究	4	Plant and Soil	16
9	安徽农业科学	3	Environmental Science & Technology	16
10	草业科学	3	Journal of Soil Science and Plant Nutrition	16
11	湖北农业科学	3	Geoderma	15
12	华中农业大学学报	3	Talanta	15
13	农业与技术	3	Biological Trace Element Research	15
14	西南农业学报	3	Geochimica et Cosmochimica Acta	13
15			Ecotoxicology and Environmental Safety	13
16			Environmental Monitoring and Assessment	13
17			Sustainability	13

三、土壤钼营养研究的重点方向

选取中外文文献数据中每个时间切片（1年）中前20个关键

词绘制共现图谱，由图7-2可以看出，共现网络中关键词与关键词之间交错纵横，说明国内对土壤钼营养的研究所涉及的领域较广。对国内土壤钼营养的研究文献进行关键词分析，获得最高频关键词如表7-3所示。一般认为，关键词出现频次高、中心性强的为研究热点。经统计发现，国内土壤钼营养研究关注热点是微量元素（47）、产量（30）、土壤（22）、品质（20）、大豆（10）等。对国外土壤钼营养的研究文献进行关键词分析，发现其研究关注热点是molybdenum（262）、soil（198）、heavy metals（197）、soils（131）、growth（123）等。国外土壤钼营养研究领域关注的热点与国内整体相似，也有不同之处。总体而言，国外土壤钼营养研究的内容主要集中在元素钼对土壤的影响及重金属影响方面。

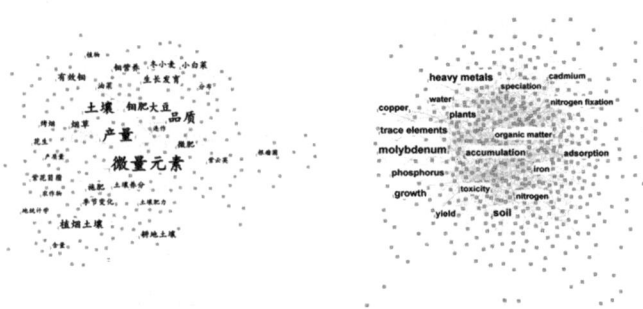

图7-2　土壤钼营养研究中英文文献数据的关键词共现网络

表7-3　土壤钼营养研究中英文文献数据的高频关键词

编号	中文文献			英文文献		
	关键词	频次	中心度	关键词	频次	中心度
1	微量元素	47	0.66	molybdenum	262	0.17
2	产量	30	0.22	soil	198	0.12
3	土壤	22	0.21	heavy metals	197	0.09

(续表)

编号	中文文献			英文文献		
	关键词	频次	中心度	关键词	频次	中心度
4	品质	20	0.29	soils	131	0.14
5	大豆	10	0.09	growth	123	0.09
6	钼肥	9	0.16	trace elements	119	0.12
7	植烟土壤	8	0.11	accumulation	96	0.12
8	有效钼	6	0.02	phosphorus	93	0.13
9	烟草	6	0.08	plants	92	0.06
10	生长发育	6	0.04	adsorption	88	0.06
11	冬小麦	5	0.03	copper	78	0.09
12	小白菜	5	0.03	yield	75	0.08
13	微肥	5	0.03	toxicity	73	0.07
14	施肥	5	0.01	water	72	0.09
15	钼营养	5	0.05	cadmium	70	0.05
16	耕地土壤	5	0.05	iron	63	0.12
17	季节变化	4	0	nitrogen	58	0.08
18	土壤养分	4	0.02	organic matter	56	0.02
19	花生	4	0.03	nitrogen fixation	56	0.1
20	烤烟	4	0.07	speciation	55	0.06

图 7-3 CNKI 文献结果显示，国内土壤钼营养研究文献关键词共现网络共形成 10 个聚类，标识了该研究领域的知识基础结构及其动态演进的过程。聚类#0、#1、#2、#3、#4、#5、#6、#7、#8 交互叠错、联系较紧密，主要聚焦于土壤钼营养及微量元素对作物、产量的影响及生态环境等。WoS 核心合集英文文献分析结果显示，国外土壤钼营养研究文献关键词共现网络共形成 10 个聚类，标识了该研究领域的知识基础结构及其动态演进的过程。聚类彼此之间纵横交

错、联系紧密，现在研究人员普遍研究的是微量元素吸收利用，因此国外主要聚焦于微量元素施用方式、效果及对环境影响等问题。

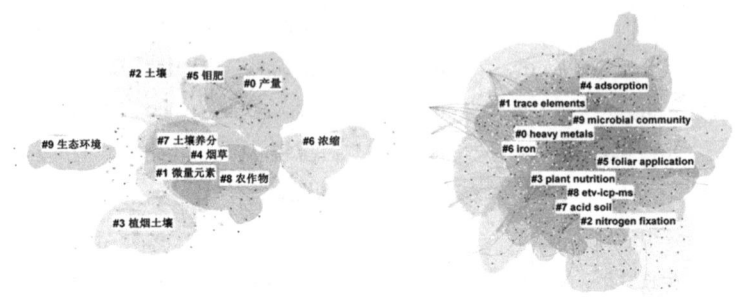

图7-3　土壤钼营养研究中英文文献数据的关键词聚类图谱

四、土壤钼营养研究的变化趋势

图7-4是土壤钼营养研究论文样本关键词时间线图，可展现各聚类发展演变的时间跨度和研究进度。在CNKI数据库中，从1987年开始，就出现了较早的关于微量元素的研究文献，从#0到#2聚类的数据数量都是相对较多的，这说明了这些聚类领域的重要性，并且时间跨度都很大。关键词微量元素（0.66，#1）、产量（0.22，#0）、品质（0.29）等词中心度>0.1，这些词往往为连接不同领域的关键枢纽。在WoS核心合集英文数据库中，#0 heavy metals、#1 trace elements、#2 nitrogen fixation、#3 plant nutrition、#4 adsorption这5个聚类中引线较多，说明这5个聚类中文献较多，显示了这些聚类领域很重要，且时间跨度较大。可以说，这几组标识词基本概括了国外土壤钼营养的主要研究方向及达到的效果，也代表了研究热点的发展情况和结构变化情况。

为验证土壤钼营养研究热点的识别结果，分析研究趋势，提取近30年土壤钼营养研究领域的突现词进行分析。表7-4中显示

第七章　土壤钼营养研究特点与趋势

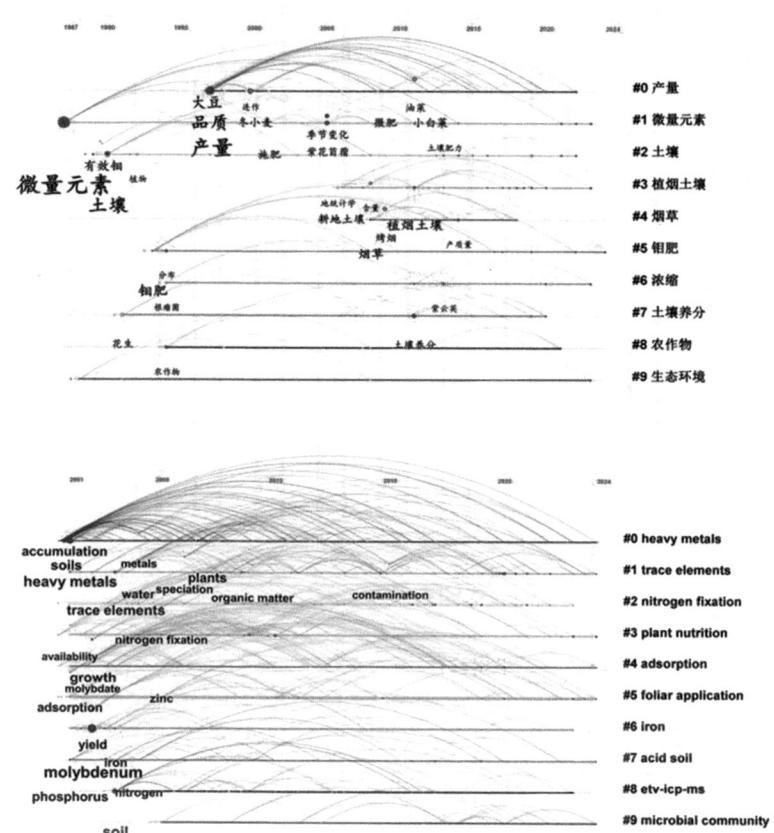

图 7-4　土壤钼营养研究中英文文献数据的时间线图

中文文献中前 20 个突现词。1988—2000 年这一阶段钼元素逐渐受到了学者们的关注，尤其是钼分布、钼元素对人体影响等问题。2000—2010 年这一阶段学者们主要研究钼营养对不同作物及土壤类型的影响等问题。2010—2024 年这一阶段学者们关注钼元素时空分布、土壤养分变化及作物产量等问题。除此之外，土壤、施肥、产量等自出现至今仍为热门的关键词，是土壤钼营养领域的前

表 7-4 土壤钼营养研究中英文文献数据的突现词

语种	突现词	年份	强度	开始年份	结束年份	突现时间段 1980—2024 年
中文	木麻黄	1988	1.34	1988	1991	
	贵州	1989	1.33	1989	1992	
	钼肥	1993	1.35	1993	1999	
	分布	1994	1.81	1994	2000	
	胃癌	1996	1.26	1996	2000	
	大豆	1997	3.95	1997	2006	
	钼营养	1997	2.65	1997	2006	
	冬小麦	2000	1.23	2000	2001	
	施肥	2001	1.89	2001	2008	
	红壤	2004	1.30	2004	2005	

(续表)

语种	突现词	年份	强度	开始年份	结束年份	突现时间段 1980—2024 年
中文	紫花苜蓿	2005	2.25	2005	2008	
	季节变化	2005	1.55	2005	2008	
	土壤	1990	2.24	2007	2010	
	烟草	2008	2.25	2008	2014	
	植烟土壤	2011	1.43	2011	2019	
	小白菜	2012	1.78	2012	2015	
	产量	1997	1.63	2012	2013	
	产质量	2014	1.44	2014	2018	
	土壤养分	2011	1.21	2015	2019	
	耕地土壤	2006	1.88	2020	2024	

(续表)

语种	突现词	年份	强度	开始年份	结束年份	突现时间段 2001—2024 年
英文	aluminum	2001	4.05	2001	2014	
	molybdenum	2002	5.37	2002	2009	
	iron	2003	6.79	2003	2009	
	copper	2001	4.25	2003	2005	
	atomic absorption spectrometry	2004	4.25	2004	2010	
	zinc	2005	4.91	2005	2011	
	sulfur	2005	4.49	2005	2014	
	deficiency	2001	3.99	2005	2010	
	mineral nutrition	2009	3.70	2009	2015	
	metals	2004	4.04	2010	2016	

（续表）

语种	突现词	年份	强度	开始年份	结束年份	突现时间段 2001—2024 年
	nitrate reductase	2010	3.84	2010	2015	
	molybdenum adsorption	2002	5.26	2012	2015	
	phosphorus limitation	2017	4.09	2017	2020	
	phytoremediation	2012	6.08	2018	2019	
英文	metabolism	2011	4.06	2018	2022	
	diversity	2018	3.88	2018	2024	
	carbon	2019	5.26	2020	2024	
	mechanism	2019	4.40	2022	2024	
	removal	2018	4.10	2022	2024	

沿热点，说明我国目前对土壤微量元素作用有了更深的认识，并且学者仍持续关注钼元素领域的热点，以期能够深入揭示钼元素在农业生产中的作用。外文文献前 20 个突现词中，早期学者们关注 aluminum、molybdenum、iron、copper、atomic absorption spectrometry 等，表明国外学者早期主要研究微量元素以及其对土壤环境的影响，并且这一阶段突现词的突现时间段持续时间较长；后期国外学者着眼于土壤钼元素丰缺及其利用；在 2005—2010 年这一阶段，学者们主要进行微量元素肥料、微量元素吸收及缺素研究，说明国外学者们近年来对土壤钼营养研究越来越深入。综合国内外期刊论文突现词分析，说明国内外近年来对于土壤钼的研究重点是提高作物利用率及农业土壤保护。

第八章 土壤氯营养研究特点与趋势

一、土壤氯循环与转化特点

(一) 土壤氯丰缺状况

土壤中的氯（Cl）主要来源于自然风化过程和人类活动，如施用含氯肥料和农药。氯在土壤中的含量通常有全氯和有效氯两种表示方式。全氯指的是土壤中所有形态的氯，而有效氯则是指那些可以被植物吸收利用的氯形态。土壤中全氯的含量差异较大，受成土母质、土壤类型和土地利用方式等多种因素影响。全球范围内，地壳中氯的含量约为 0.05%，而土壤中氯的平均含量为 100 mg/kg 左右（王朝东等，2023）。土壤中有效氯的含量通常较低，因为氯在土壤中主要以难溶的矿物形式存在。有效氯含量与全氯含量相比通常较低，主要取决于土壤的理化性质和作物的需求。中国土壤中氯的含量与分布规律表明，许多地区土壤具有缺氯和低氯特征，需要针对性地进行氯肥补充。例如，长江流域以南、东北地区，以及云、贵高原的黄壤含氯量较低；而西北地区的含氯量较高，平均达到 126.0 mg/kg。

土壤中的氯含量因土壤类型、母质、气候及人为活动等多种因素而异。一般来说，土壤中氯含量在 0.01~1 g/kg，多数土壤中的氯含量在 0.05 g/kg 左右。氯在土壤中主要以氯化钠（NaCl）、氯化钙（$CaCl_2$）、氯化镁（$MgCl_2$）等形态存在，并且由于土壤对氯的吸附能力较弱，氯在土壤中容易淋失或随毛管水上升而积累在土表。有效氯含量是指土壤中能被植物直接吸收利用的氯元素量。这一指标受土壤 pH 值、有机质含量、土壤质地等多种因素的影响。在农业生产中,有效氯的测定对于指导施肥、提高作物产量和品质具有重要意义。土壤氯含量的高低对植物生长具有重要影响。一般来说,土壤中氯含量适中时,有利于植物的生长和发育;但氯含量过高或过低都会对植物造成不利影响。例如,氯含量过高会导致土壤盐碱化,影响植物对水分的吸收和利用;而氯含量过低则可能导致植物缺氯症状的出现,如叶片失绿、生长缓慢等。全国范围内的土壤氯丰缺状况因地理位置、气候条件、土壤类型及人为活动等多种因素而异。一般来说,沿海地区和盐碱地区的土壤氯含量较高,而内陆地区和山地丘陵地区的土壤氯含量相对较低。在农业生产中,应根据具体地区的土壤氯含量状况制定合理的施肥方案和管理措施,以确保作物的正常生长和发育。

(二) 土壤氯的循环与转化

土壤中氯的主要来源包括自然降水、施用的含氯肥料(如氯化钾、氯化铵)、海水、含氯灌溉水、含氯农药以及土壤母质等。在农业活动中,含氯肥料是土壤氯的重要投入物质。投入量应根据作物需求、土壤类型和环境条件进行调整,避免过量施用导致的氯积累和潜在毒性。在农业生产中,合理的氯投入量对于提高作物产量和品质具有重要意义,但过量投入则可能导致土壤盐碱化等问题。土壤中的氯主要以氯离子(Cl^-)的形态存在,也可以与土壤中的阳离子结合形成氯化物(如 $NaCl$、$CaCl_2$ 等)。氯的有效性取决于其在土壤中的形态、含量以及土壤的其他理化性质。一般来说,土壤中的氯离子容易被植物吸收利用,而氯化物则相对较难被植物直接吸收。此外,土壤中的有机质、pH 值、土壤质地等因素也会影响氯的有效性。

不同土壤类型对氯的吸附、固定和释放能力存在差异。一般来说,砂质土壤对氯的吸附能力较弱,氯离子容易随水分淋失;而黏土土壤对氯的吸附能力较强,氯离子在土壤中相对较为稳定。因此，在施用含氯化肥时，需要根据土壤类型进行合理调整，以避免氯的过量积累或淋失。

环境条件如温度、湿度、降雨等也会对土壤氯的有效性产生影响。例如，温度升高可以促进土壤微生物的活动和有机质的分解，从而增加土壤溶液中氯离子的浓度；而降雨则可以增加土壤湿度，促进氯离子的淋失。此外，土壤中的氧化还原条件也会影响氯的形态和有效性。

目前发现影响土壤氯有效性的因子主要是土壤 pH 值、质地、有机质含量、施肥量和施肥方式，以及其他环境条件。土壤 pH 值会影响氯离子在土壤中的存在形态和吸附能力，一般来说，酸性土壤对氯的吸附能力较弱，而碱性土壤则较强。土壤质地不同，其孔隙度和比表面积也不同，从而影响氯离子在土壤中的扩散和吸附。有机质可以吸附土壤中的氯离子，减少其在土壤溶液中的浓度，因此，有机质含量高的土壤对氯的吸附能力较强。施肥量和施肥方式会影响土壤中氯的含量和分布，过量施肥或不当的施肥方式可能导致氯在土壤中的积累或淋失。此外，环境条件如温度、湿度、降雨等也会对土壤氯的有效性产生影响。

（三）作物对土壤氯的吸收利用

土壤中的氯主要以氯离子（Cl^-）的形态存在，这是植物可以直接吸收利用的形式。氯离子在土壤中的有效性与土壤的理化性质密切相关。作物对氯的吸收量相对较小。氯离子在植物体内的移动性非常强，只有少量在植物体内被结合进有机物，如 Cl_4-IAA 是一种内源生长素类激素。土壤中氯离子主要来源于含氯的化肥、农药、灌溉水以及土壤母质等。被作物根系吸收的氯离子通过植物体内的输导组织运输到地上部分，如茎、叶和果实等。在运输过程中，氯离子可能与其他离子（如钾离子、钠离子等）发生竞争或协同作用，从而影响其在植物体内的分布和积累。在植物体内，氯离子可以参与多种生理过程，如光合作用、气孔调节、离子平衡等,并成为某些生物酶和激素的组成部分。适量的氯元素对作物的生长发育和产量品质具有积极影响。首先,氯是叶绿体中叶绿素的组成部分,对光合作用的进行至关重要,有助于作物合成更多的光合产物。其次,氯离子可以参与调节作物的气孔运动,影响作物的蒸腾作用和抗旱能力。最后,氯还能促进作物对钙、镁、硫等营养元素的吸收和利用,有助于作物的生长发育和产量形成。

土壤中氯含量过低时,作物可能出现缺氯症状,如叶片失绿、光合作用减弱等,影响作物的正常生长发育和产量形成。当土壤中氯离子含量过高时,会导致作物出现氯中毒症状,如生长速度缓慢、植株矮小、叶片少、叶面积小、叶色发黄,严重时叶片呈灼烧状,叶缘焦枯。过量的氯离子还会影响作物对其他营养元素的吸收和利用,导致养分失衡。长期大量施用含氯化肥还可能引起土壤盐碱化、板结等问题,影响土壤的肥力和作物的生长环境。研究表明,自然界中存在的氯离子基本上可以满足作物的需求(Geilfus,2018),但在一些干旱盐渍化、滨海盐碱地区,土壤氯含量高达280~580 mg/kg(毛知耘等,2000),此外,生产中长期施用含氯化肥会导致土壤中氯含量增加,而且土壤中的氯易随水流失,会加剧某些伴随离子的淋失,导致土壤养分供应能力降低(中国农业科学院办公室,2015)。在一些干旱地区的土壤中,氯的迁移速率很慢,因而容易累积。土壤或水体中的氯离子易被植株吸收,并分布于各个营养器官,使植物体内氯含量过高,引发毒害现象,一些耐氯力弱的植株甚至死亡(Geilfus et al.,2018;周金梅,2016)。

综上所述,土壤氯对作物的生长发育和产量品质具有重要影响。在农业生产中,应根据土壤氯含量、作物种类及生长需求等因素合理施用含氯化肥,避免过量或不足施用。同时,应加强土壤管理和监测工作,及时发现和解决土壤氯含量异常问题,确保作物的健康生长和高产优质。

（四）土壤氯的环境分析

土壤中氯的来源主要有施用的含氯肥料、降水、微咸水灌溉等，其中降水中氯含量仅 1.1 mg/kg，对土壤中氯含量影响较小。农业生产中常用的氯化镁（含 Cl^- 74%）、氯化铵（含 Cl^- 66.7%）、氯化钾（含 Cl^- 48%）等含氯化肥的施用使土壤中 Cl^- 含量升高。除此之外，部分干旱缺水的农业区，由于淡水资源匮乏，常采用微咸水灌溉来解决农业水资源短缺的问题，而微咸水会增加土壤中的 Cl^- 含量。我国含氯地下水大多分布于北部及西北部的干旱地区，地下水的矿化度从湿润、半湿润区到干旱区呈升高趋势。土壤中的氯离子随土壤水分移动而移动，当地下水氯含量较高时，氯离子会随地下水位的上升和水分蒸发在土壤表层积累。研究表明，土壤中氯含量在 37~370 mg/kg 之间，平均氯含量在 100 mg/kg 左右。毛知耘等（2000）提出了植物的土壤氯容量概念：植物的耐氯临界值与土壤氯含量之差作为植物的土壤氯容量，以确定土壤的氯含量及作物的需氯量。有研究表明，当土壤中氯含量高达 400~600 mg/kg 时，不宜施用任何含氯化肥。氯在土壤的含量易受降雨、地势和土壤盐渍化程度等影响。由于耕层土壤的土质疏松，氯离子在土壤中移动较快，其迁移速率随土壤深度的增加而减慢，且向深层土迁移的速率随土壤氯含量的增加而加快（王东旭等，2022）。在宁夏西北干旱地区，农户长期利用微咸水灌溉，不仅使土壤盐渍化，氯也更容易在土壤表层积累，影响土壤养分循环及西瓜的生理生长，甚至降低产量及品质。很多学者关注微咸水的灌溉利用使土壤中盐分累积，导致土壤退化以及土壤盐渍化，对作物生长产生不利的影响。

植株缺乏氯离子或氯离子累积过多均会对植物有不同程度的影响。植物缺氯会影响根系生长，使侧根减少、叶片变黄萎蔫、光合作用减弱，新叶失绿和全株萎蔫是最常见的症状（曹恭，2004）。一般情况下，植物对氯素的需求量不大，当氯累积过量时会产生毒害症状。在一些滨海地区及盐碱地区常会出现氯离子过多导致植株受到毒害的现象。也有研究表明，氯对植株的毒害主要是因为细胞的超微结构遭到氯的破坏，在高氯条件下植株叶片内线粒体基质和脊结构遭到损伤，导致体内代谢受阻、激素发生分解、细胞停止生长等（胡小婉，2013）。当氯超过植株耐氯临界值时，主要表现为植株生长减缓、叶尖和叶缘呈灼烧状、早熟性叶片发黄和叶片脱落等。植物的耐氯强弱由根系吸收氯离子的区域化分配和抑制氯离子运输能力的高低决定，耐盐作物能够抑制氯从根部向地上部运输及分配，而敏感作物则将氯迅速转移到叶片并产生毒害（马瑞等，2022；程明芳等，2010）。掌握植株体内氯的累积分布状况及耐氯程度对其正常生长发育及产量、品质的提高具有重要意义。

其次土壤氯含量过多确实会对环境造成一系列深远的影响。首先，就土壤本身而言，过高的氯含量会破坏土壤结构，降低土壤的保水能力和肥力，从而影响植物的正常生长。这种土壤退化现象会进一步影响到生态系统的稳定性和多样性。土壤中的氯含量过高还会对土壤微生物和动物造成毒害。土壤微生物是土壤生态系统中的重要组成部分，它们参与土壤中的物质循环和能量流动，对土壤肥力的维持和植物的生长具有重要作用。然而，氯离子的毒性会破坏微生物的细胞膜和酶系统，抑制其生长和繁殖，从而影响土壤的微生物群落结构和功能。同样，土壤中的动物，如蚯蚓等，也会受到氯离子的毒害，导致数量减少和生态功能受损。

二、土壤氯营养研究的进程分析

土壤氯营养研究的文献数据来源以 SCI-E（Science Citation Index Expanded，2001年至今）数据库为基础数据来源，中文文献来源于中国知网的中文学术期刊和学位论文出版总库。土壤氯营养研究领域检索到 CNKI 期刊论文共 173 篇、CNKI 学位论文共 127 篇，WoS 核心合集 2001 年以来英文论文共 1 478 篇（图 8-1）。CNKI 期刊关于土壤氯营养的首篇期刊论文在 1980 年发表，此后至 2012 年波动增长至最多 15 篇，之后呈下降趋势。CNKI 中学位论文的数量随年份呈波动变化，2012 年最高为 17 篇，近年来呈显著下降趋势。WoS 核心合集 2001 年以来关于土壤氯营养的研究，发文量比 CNKI 中文期刊论文数量有较大增多，且总体随时间的增长呈现上升的趋势，2022 年和 2023 年最多，均超过 100 篇。

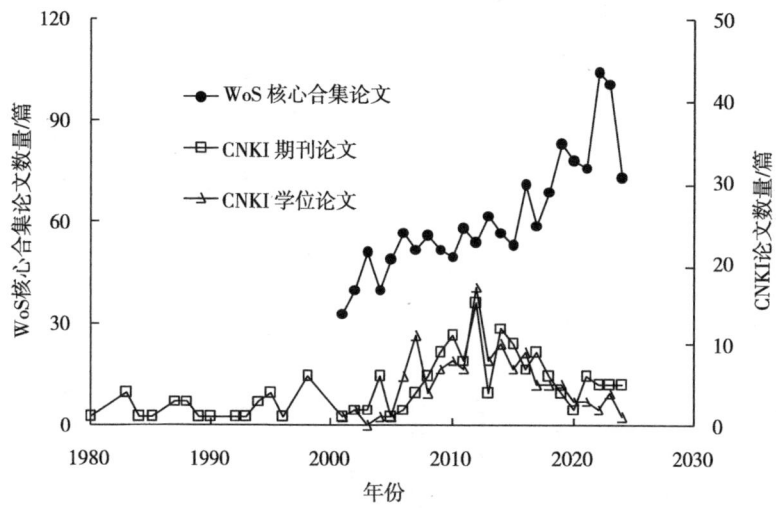

图 8-1　土壤氯营养研究论文随时间分布

对研究机构的分析可以对国内外土壤氯营养研究领域强势研究机构进行挖掘。土壤氯营养研究论文发表数量排前 20 位左右机构分布情况如表 8-1 所示。CNKI 数据库中文期刊论文以河南农业大学（12 篇）和湖南农业大学（10 篇）较多。在土壤氯营养研究领域，CNKI 数据库学位论文发文量排前三位的机构为河南农业大学（31 篇）、湖南农业大学（18 篇）和西南大学（12 篇）。WoS 核心合集土壤氯营养方面发表论文数量方面，中国科学院最多，为 84 篇，显示了其在该领域的研究优势。

表 8-1 土壤氮营养研究机构分布

编号	期刊论文 研究机构	数量	学位论文 研究机构	数量	WoS 核心合集论文 研究机构	数量
1	河南农业大学	12	河南农业大学	31	Chinese Academy of Sciences	84
2	湖南农业大学	10	湖南农业大学	18	University of California System	50
3	湖北省农业科学院植保土肥研究所	8	西南大学	12	Centre National de la Recherche Scientifique	49
4	西南大学	6	西北农林科技大学	6	National Aeronautics & Space Administration	42
5	云南省烟草曲靖市公司	5	中国农业科学院	6	United States Department of Agriculture	37
6	云南省烟草有限责任公司	5	福建农林大学	4	United States Department of Energy	32
7	福建省烟草公司	4	四川农业大学	4	Linkoping University	31
8	福建农林大学	4	河北农业大学	3	Helmholtz Association	28
9	云南农业大学	3	南京农业大学	3	University of Chinese Academy of Sciences, CAS	27
10	湖南省烟草公司永州市公司	3	浙江大学	3	Czech Academy of Sciences	27
11	重庆市石柱县烟草专卖局	3	中国地质大学（北京）	3	California Institute of Technology	22

(续表)

编号	期刊论文 研究机构	数量	学位论文 研究机构	数量	WoS 核心合集论文 研究机构	数量
12	河南省洛阳市烟草专卖局	3	东北林业大学	2	United States Department of the Interior	21
13	福建省烟草农业科学研究所	3	华中农业大学	2	Russian Academy of Sciences	21
14	湖南省衡阳市烟草专卖局	3	吉林农业大学	2	University System of Georgia	21
15	湖南省烟草公司永州市公司	3	江西农业大学	2	United States Geological Survey	20
16	福建省烟草公司南平分公司	3	南京中医药大学	2	Research Center for Eco-Environmental Sciences	19
17	湖北省烟草公司	3	中国科学技术大学	2	NASA Ames Research Center	18
18	中国烟草中南农业实验站	3	山东农业大学	2	NASA Jet Propulsion Laboratory	18
19	中国农业大学	3	华南农业大学	2	University of California Davis	18
20			西南农业大学	2	Universite Paris Saclay/ University of Georgia	17

土壤氯营养研究 CNKI 期刊论文共发表在 95 个中文期刊中，发表论文数量排前 20 位左右的期刊如表 8-2 所示，基本以农林类期刊为主，发文量超过 10 篇的期刊有 3 个，为《安徽农业科学》《中国农学通报》《贵州农业科学》，显示了该研究领域发表论文较高的研究水平。1 478 篇英文论文共发表在 564 个国际期刊上，发表论文数量排前 20 位左右的期刊中，基本还是以农林类期刊为主。

表 8-2　土壤氯营养研究中英文文献期刊分布

编号	中文期刊		英文期刊	
	名称	论文数量	名称	论文数量
1	安徽农业科学	12	Environmental Science & Technology	65
2	中国农学通报	7	Chemosphere	65
3	贵州农业科学	6	Journal of Hazardous Materials	36
4	湖北农业科学	6	Science of the Total Environment	34
5	江西农业学报	6	Environmental Science and Pollution Research	30
6	河南农业科学	5	Environmental Pollution	24
7	湖南农业科学	5	Water Research	23
8	中国农技推广	5	Journal of Geophysical Research-Planets	20
9	中国烟草学报	5	Applied and Environmental Microbiology	18
10	土壤通报	4	Journal of Food Protection	18
11	中国烟草科学	4	Chemical Engineering Journal	14
12	作物研究	4	Journal of Environmental Radioactivity	12
13	江苏农业科学	3	Scientific Reports	12
14	农民致富之友	3	International Journal of Food Microbiology	11
15	西南大学学报（自然科学版）	3	Biogeochemistry	11
16	西南农业学报	3	Atmospheric Environment	10

三、土壤氯营养研究的重点方向

选取中外文文献数据中每个时间切片（1 年）中前 20 个关键词绘制共现图谱如图 8-2 所示。共现网络中关键词与关键词之间交错纵横，说明国内对土壤氯营养的研究所涉及领域较广。对国内土壤氯营养的研究文献进行关键词分析，获得最高频关键词如表 8-3 所示。一般认为，关键词出现频次高、中心性强的为研究热点。经统计发现，国内土壤氯营养研究关注热点是烤烟（72）、土壤养分（43）、土壤（43）、植烟土壤（43）、微量元素（40）等。对国外土壤氯营养的研究文献进行关键词分析，土壤氯营养研究关注热点是 soil（225）、chlorine（149）、degradation（133）、water（120）等。国外土壤氯营养领域研究关注的热点与国内整体相似，也有不同之处。总体而言，国外土壤氯营养研究的内容主要集中在氯元素对土壤质量及水质的影响。

图 8-2　土壤氯营养研究中英文文献数据的关键词共现网络

表 8-3　土壤氯营养研究中英文文献数据的高频关键词

编号	中文文献			英文文献		
	关键词	频次	中心度	关键词	频次	中心度
1	烤烟	72	0.42	soil	225	0.09

(续表)

编号	中文文献			英文文献		
	关键词	频次	中心度	关键词	频次	中心度
2	土壤养分	43	0.52	chlorine	149	0.18
3	土壤	43	0.17	degradation	133	0.14
4	植烟土壤	43	0.27	water	120	0.12
5	微量元素	40	0.24	soils	83	0.14
6	烟草	19	0.22	removal	60	0.1
7	品质	17	0.1	biodegradation	58	0.06
8	化学成分	17	0.11	polychlorinated biphenyls	56	0.1
9	土壤肥力	15	0.16	growth	54	0.09
10	养分	14	0.05	carbon	45	0.03
11	施肥	13	0.04	organic matter	42	0.04
12	产量	13	0.05	heavy metals	39	0.07
13	评价	11	0.09	chemistry	39	0.07
14	烟叶品质	10	0.05	contaminated soil	38	0.03
15	综合评价	8	0.02	plants	37	0.08
16	土壤类型	7	0.01	drinking water	37	0.03
17	质量	7	0.07	identification	36	0.06
18	中量元素	6	0.01	sediments	35	0.09
19	曲靖烟区	5	0.05	inactivation	30	0.03
20	烟区	5	0.01	polycyclic aromatic hydrocarbons	30	0.03

图 8-3 CNKI 文献分析结果显示，国内土壤氯营养研究文献关键词共现网络共形成 10 个聚类，标识了该研究领域的知识基础结构及其动态演进的过程。聚类#0、#7、#8、#1、#6、#9，#2、#3、#5 交互叠错、联系较紧密，主要聚焦于土壤氯对养分的影响、烟草品质及植烟土壤等。WoS 核心合集英文文献结果显示，国外土

壤氯营养研究文献关键词共现网络共形成 10 个聚类，标识了该研究领域的知识基础结构及其动态演进的过程。聚类彼此之间纵横交错、联系紧密，现在研究人员普遍研究的是氯元素对环境的影响，因此国外主要聚焦于土壤氯对土壤质量影响及重金属等问题。

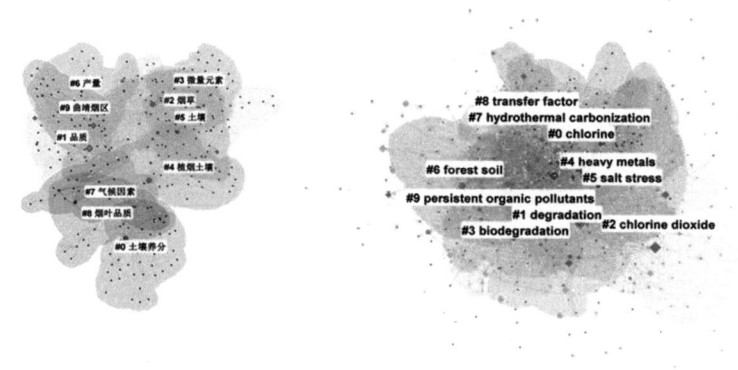

图 8-3　土壤氯营养研究中英文文献数据的关键词聚类图谱

四、土壤氯营养研究的变化趋势

图 8-4 是土壤氯营养论文样本关键词时间线图，可展现各聚类发展演变的时间跨度和研究进度。在 CNKI 数据库中，从 1995 年开始，就出现了较早的关于土壤氯营养的研究文献，从#0 到#3 聚类的数据数量都是相对较多的，这说明了这些聚类领域的重要性，并且时间跨度都很大。关键词土壤养分（0.52，#0）、烟草（0.42，#2）、微量元素（0.24，#3）、土壤肥力（0.16）等词中心度>0.1，这些词往往为连接不同领域的关键枢纽。在 WoS 核心合集英文数据库中，#0 mars、#1 oxidation、#2 o155 h7、#3 polychlorinated biphenyls、#4 heavy metal 这 5 个聚类中引线较多，说明这 5 个聚类中文献较多，显示了这些聚类领域很重要，且时间跨度较

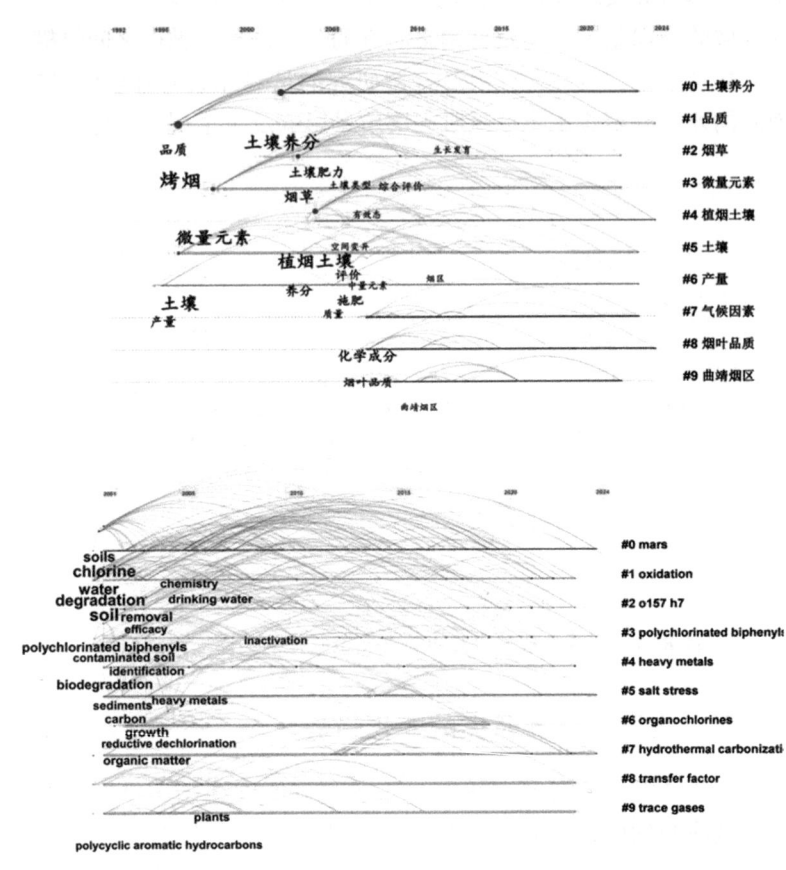

图 8-4 土壤氯营养研究中英文文献数据的时间线图

大。可以说，这几组标识词基本概括了国外土壤氯营养的主要研究方向及达到的效果，也代表了研究热点的发展情况和结构变化情况。

为验证土壤氯营养研究热点的识别结果，分析研究趋势，提取近 30 年土壤氯营养研究领域的突现词进行分析。表 8-4 中显示中文文献中前 20 个突现词。

表 8-4 土壤氯营养研究中英文文献数据的突现词

语种	突现词	年份	强度	开始年份	结束年份	突现时间段 1980—2024 年
中文	平衡施肥	2003	1.87	2003	2006	
	土壤养分	2002	1.48	2004	2005	
	贵州	2006	1.84	2006	2007	
	化学成分	2007	1.87	2007	2009	
	湖南烟区	2007	1.84	2007	2008	
	河南烟区	2007	1.68	2007	2009	
	有效态	2007	1.40	2007	2009	
	土壤因素	2008	1.43	2008	2011	
	对策	2008	1.43	2008	2011	
	综合评价	2009	2.53	2009	2012	

(续表)

语种	突现词	年份	强度	开始年份	结束年份	突现时间段 1980—2024 年
中文	养分	2003	1.74	2009	2010	
	分析	2010	1.82	2010	2012	
	土壤	1996	1.87	2011	2012	
	养分状况	2011	1.69	2011	2014	
	施肥	2006	1.61	2012	2013	
	评价	2006	2.35	2014	2017	
	品质	1996	2.96	2015	2016	
	果实品质	2017	1.36	2017	2024	
	质量	2005	2.16	2019	2021	
	生长发育	2012	1.48	2019	2022	

（续表）

语种	突现词	年份	强度	开始年份	结束年份	突现时间段 2001—2024 年
英文	metabolism	2001	5.42	2001	2008	
	air	2001	4.15	2001	2009	
	reactive chlorine	2002	5.28	2002	2005	
	emissions	2003	5.08	2003	2008	
	cl 36	2003	4.49	2003	2009	
	organohalogens	2003	4.07	2003	2011	
	humic substances	2004	6.34	2004	2009	
	bromine	2004	4.88	2004	2006	
	chloroacetic acids	2005	5.2	2005	2010	
	drinking water	2006	4.36	2007	2010	

（续表）

语种	突现词	年份	强度	开始年份	结束年份	突现时间段 2001—2024 年
英文	biodegradation	2001	4.09	2007	2010	
	organic matter	2003	4.87	2016	2019	
	contaminated soil	2002	4.45	2018	2020	
	inactivation	2009	5.30	2019	2024	
	escherichia coli	2020	4.75	2020	2021	
	mechanisms	2012	4.72	2020	2024	
	heavy metals	2005	6.40	2021	2024	
	polycyclic aromatic hydrocarbons	2004	4.45	2022	2024	
	contaminated soils	2016	4.44	2022	2024	
	chloride	2010	4.05	2022	2024	

2002—2010 年学者们关注平衡施肥、土壤养分、不同植烟区土壤氯等问题，这一时期土壤氯营养受到了学者们的关注。2010—2014 年这一阶段学者们主要研究土壤氯营养状况及施肥评价等问题。2015—2024 年这一阶段学者们着眼于施肥方法以及作物产量品质等问题。各个时期研究重点有所不同，并且学者仍持续关注土壤氯营养领域的热点，为土壤氯高效利用及提高作物品质奠定基础。英文早期研究关注 metabolism、growth、air、reactive chlorine、emissions 等，表明国外学者早期主要研究土壤氯对土壤环境及大气的影响，并且这一时期突现词的突现时间段持续时间较长；后期国外学者着眼于土壤氯污染问题；在 2015—2024 年这一阶段，学者们主要关注重金属污染及其防治，说明国外学者们近年来对土壤氯的研究在逐步深入。综合国内外期刊论文突现词分析，说明国内外近年来对于土壤氯的研究，着重点都在施用高效、较低环境污染、实现可持续性农业发展。

参考文献

蔡晶, 柴社立, 陆继龙, 2002. 黑龙江省主要类型土壤中微量元素含量的垂向分异研究. 世界地质 (4): 364-367, 396.

曹恭, 梁鸣早, 2004. 氯: 平衡栽培体系中植物必需的微量元素. 土壤肥料 (4): 53-54.

陈茂雪, 2024. 微量元素肥施用量对烤烟根系活力的研究. 种子科技, 42 (17): 31-33.

陈世宝, 林蕾, 魏威, 等, 2013. 基于不同测试终点的土壤锌毒性阈值及预测模型. 中国环境科学, 33 (5): 922-930.

陈燕华, 2023. 泉州市耕地土壤有效硼含量丰缺状况评价与影响因素分析. 福建农业科技, 54 (4): 69-74.

陈玉真, 王峰, 王果, 等, 2012. 土壤锌污染及其修复技术研究进展. 福建农业学报, 27 (8): 901-908.

程明芳, 金继运, 李春花, 等, 2010. 氯离子对作物生长和土壤性质影响的研究进展. 浙江农业科学 (1): 12-14.

傅昀, 谢克金, 李世萍, 等, 1999. ICP-AES 和 AAS 测定土壤和植物中常量及微量元素之比较 (一). 土壤通报 (3): 49-51.

高贤彪, 张丽华, 卢丽萍, 等, 1999. 山东省自然环境下土壤硼素有效性分析. 山东农业大学学报 (4): 355-358, 362.

郝青婷, 高伟, 张泽燕, 等, 2024. 铁肥施用对绿豆产量和籽粒含铁量的影响. 作物杂志 (5): 105-109.

何绪生, 2002. 铁肥及其使用. 磷肥与复肥, 17 (4): 69-71.

胡小婉, 2013. 氯对油菜生长与营养吸收利用的效应及其机制. 南京: 南京农业大学.

黎晓峰, 陆申年, 陈惠和, 等, 1995. 铁锰营养平衡与水稻生长发育. 广西农业大学学报, 14 (3): 217-222.

李锦芬, 瞿明凯, 刘刚, 等, 2018. 县域尺度土壤铜的有效性及相关影响因素评估. 环境科学, 39 (1): 363-370.

李路, 胡承孝, 谭启玲, 等, 2016. 钼污染对冬小麦光合作用特性及产量的影响. 农业环境科学学报, 35 (4): 620-626.

李路, 胡承孝, 谭启玲, 等, 2022. 植物对土壤钼污染的响应及其耐钼机制研究进展. 农业环境科学学报, 41 (4): 700-706.

李文凤, 朱海焰, 兰平, 2021. 策略 I 植物铁吸收稳态调控研究进展. 土壤, 53 (6): 1101-1106.

李颖, 顾雪元, 2022. 土壤中锰氧化物的形态及其化学提取方法综述. 环境化学, 41 (1): 9-21.

林蕾, 陈世宝, 2012. 土壤中锌的形态转化、影响因素及有效性研究进展. 农业环境科学学报, 31 (2): 221-229.

刘凡, 冯雄汉, 陈秀华, 等, 2008. 氧化锰矿物的生物成因及其性质的研究进展. 地学前缘, 15 (6): 66-73.

刘婧, 2004. 文献作者分布规律研究: 对近十五年来国内洛特卡定律, 普赖斯定律研究成果综述. 情报科学, 2 (1): 123-128.

刘鹏, 杨玉爱, 2001. 土壤中的钼及其植物效应的研究进展. 农业环境保护 (4): 280-282.

刘铮, 1991. 土壤与植物中锰的研究进展. 土壤学进展 (6): 1-10, 22.

刘铮, 1991. 微量元素的农业化学. 北京: 中国农业出版社.

刘铮, 1994. 我国土壤中锌含量的分布规律. 中国农业科学 (1): 30-37.

刘铮, 朱其清, 徐俊祥, 等, 1990. 中国土壤中钼的含量与分布规律. 环境科学学报（2）：132-137.

刘芷宇，1982. 主要作物营养失调症状图谱. 北京：农业出版社.

卢顺，彭克美，向敏，等，2014. 硼对动物的营养与毒性作用研究进展. 动物医学进展，35（2）：78-81.

马瑞，王西娜，余顺博，等，2022. 土壤中氯的累积状况及其对植物的营养和毒害作用. 现代农业科技（23）：143-146，155.

毛知耘，周则芳，石孝均，等，2000. 植物氯素营养与含氯化肥科学施用. 中国工程科学，2（6）：64-66.

孟佑婷，郑袁明，张丽梅，等，2009. 环境中生物氧化锰的形成机制及其与重金属离子的相互作用. 环境科学，30（2）：574-582.

邵建华，秦征，2001. 微量元素的诊断与合理施用. 磷肥与复肥（6）：67-69.

司友斌，王慎强，马友华，等，2000. 土壤中植物有效锰的形态分级. 土壤与环境，9（4）：294-297.

宋旭昕，刘同旭，2021. 土壤铁矿物形态转化影响有机碳固定研究进展. 生态学报，41（20）：7928-7938.

谭琦冗，刘礼博，刘蕾，等，2024. 滨海轻度盐碱苜蓿种植地土壤微量元素空间变化特征及其影响因子分析. 草地学报，32（9）：2777-2783.

唐琨，朱伟文，周文新，等，2013. 土壤 pH 对植物生长发育影响的研究进展. 作物研究，27（2）：207-212.

汪洪，金继运，2009. 植物对锌吸收运输及积累的生理与分子机制. 植物营养与肥料学报，15（1）：225-235.

王朝东，李刚，陈固，等，2023. 湖北利川耕地土壤氯离子含量及空间分布. 农业科学，13（6）：582-593.

王东旭，贾志红，周文辉，等，2022. 氯离子在不同质地植烟土壤中的迁移及烟株中的积累. 中国烟草学报, 28（1）: 68-77.

王丽娜, 于永强, 芦东旭, 等, 2022. 土壤 pH 调控固氮植物和非固氮植物间的氮转移. 植物生态学报, 46（1）: 1-17.

王雪, 2023. 氮硼配施对水稻产量和品质的影响. 沈阳: 沈阳农业大学.

王烨, 刘方, 朱健, 等, 2023. 贵州省土壤锰的空间异质性及其影响因子分析. 农业资源与环境学报, 40（4）: 817-828.

王子诚, 陈梦霞, 杨毓贤, 等, 2021. 铜胁迫对植物生长发育影响与植物耐铜机制的研究进展. 植物营养与肥料学报, 27（10）: 1849-1863.

王子腾, 耿元波, 梁涛, 2019. 中国农田土壤的有效锌含量及影响因素分析. 中国土壤与肥料（6）: 55-63.

魏孝荣, 郝明德, 邵明安, 2005. 黄土高原旱地长期种植作物对土壤微量元素形态和有效性的影响. 生态学报, 25（12）: 3196-3203.

夏炎, 宋延斌, 侯进凯, 等, 2021. 河南洛阳市土壤和农作物中钼分布规律与影响因素研究. 岩矿测试, 40（6）: 820-832.

谢地香, 马雪宁, 赵雨晴, 等, 2023. 植物锰元素的吸收转运及调控. 中国科学: 生命科学, 53（9）: 1199-1212.

徐金玉, 王伟伟, 王惠, 等, 2020. 铜污染土壤的生物修复研究进展. 生物工程学报, 36（3）: 471-480.

杨富强, 2023. 微肥对玉米东农 264 生长、籽粒产量及品质的影响. 哈尔滨: 东北农业大学.

杨雱, 白宗旭, 薄文浩, 等, 2024. 中国农田土壤重金属污染分析与评价. 环境科学, 45（5）: 2913-2925.

杨卫韵, 徐根娣, 钱宝英, 等, 2004. Fe^+浸种对大豆种子萌发的影响. 种子, 23（4）: 32-34.

杨晓丹, 张宏波, 魏婷婷, 等, 2023. 中微量元素肥料不同用量对水稻产量及品质的影响. 中国农学通报, 39（15）: 76-84.

杨中宝, 尤江峰, 杨振明, 2007. 植物对锰的吸收运输及对过量锰的抗氧化响应. 植物生理与分子生物学学报, 33（6）: 480-488.

尹钧, Pall J G, 任江萍, 等, 2002. 土壤硼毒对小麦生长的影响. 华北农学报（4）: 77-81.

臧小平, 1999. 土壤锰毒与植物锰的毒害. 土壤通报（3）: 45-48.

翟丙年, 刘海轮, 尚浩博, 杨岩荣, 2002. 植物吸收利用铁的机理. 西北植物学报（1）: 184-189.

张超, 文涛, 张媛, 等, 2020. 基于文献计量分析的镰刀菌枯萎病研究进展解析. 土壤学, 57（5）: 1280-1291.

张林琳, 刘星星, 祝亚昕, 等, 2021. 机理Ⅰ植物铁营养的吸收转运及信号调控机制研究进展. 植物营养与肥料学报, 27, 1258-1272.

张璐, 蔡泽江, 王慧颖, 等, 2020. 中国稻田土壤有效态中量和微量元素含量分布特征. 农业工程学报, 36（16）: 62-70.

郑毅, 张福锁, 2000. 石灰性土壤上花生缺铁黄化与土壤水分和重碳酸盐的关系. 中国农业科技导报（3）: 73-76.

中国农业科学院办公室, 2015. 含氯化肥科学施肥和机理的研究//中国农业科学院年鉴（2014）. 北京: 中国农业科学技术出版社.

中国土壤学会, 2016. 土壤微量元素: 硼土壤微量元素. [2016-11-16]. http://www.csss.org.cn/info14/144.html.

周金梅, 2016. 长期施用含氯化肥 Cl^- 在土壤中的迁移及其对土壤理化性质的影响. 沈阳：沈阳农业大学.

朱洪江, 陈弟军, 付品山, 等, 2020. 氯元素增施对烤烟抗病能力及生长的影响. 植物医生, 33（6）：43-47.

邹邦基, 1985. 植物的营养. 北京：中国农业出版社.

邹春琴, 张福锁, 2009. 中国土壤-作物中微量元素研究现状和展望. 北京：中国农业大学出版社.

BASHIR K, ISHIMARU Y, NISHIZAWA N K, 2010. Iron uptake and loading into rice grains. Rice, 3（2-3）：122-130.

BEASLEY T J, BONNEAU P J, JOHNSON T A A, 2017. Characterisation of the nicotianamine aminotransferase and deoxymugineic acid synthase genes essential to strategy II ironuptake in bread wheat (*Triticum aestivum* L.). PLoS ONE, 12（5）：0177061.

CHEN C M, HALL S J, COWARD E, et al., 2020. Iron-mediated organic matter decomposition in humid soils can counteract protection. Nature Communications, 11（1）：2255.

DAI Z, GUO X, LIN J, et al., 2023. Metallic micronutrients are associated with the structure and function of the soil microbiome. Nature Communications, 14：8456.

GEILFUS C M, 2018. Review on the significance of chlorine for crop yield and quality. Plant Science, 270：114-122.

HARISH V, ASLAM S, CHOUHAN S, et al., 2023. Iron toxicity in plants：a review. International Journal of Environment and Climate Change, 13（8）：1894-1900.

HILIPPOT L, CHENU C, KAPPLER A, et al., 2024. The interplay between microbial communities and soil properties. Nature Reviews Microbiology, 22：226-239.

IMSENG M, WIGGENHAUSER M, MÜLLER M, et al., 2019. The fate of zn in agricultural soils：a stable isotope approach to anthropogenic impact, soil formation, and soil-plant cycling. Environmental Science & Technology, 53 (8): 4140-4149.

LINDSAY W L, SCHWAB A P, 1982. The chemistry of iron in soils and its availability to plants. Journal of Plant Nutrition, 5: 821-840.

LOMBNAES P, CHANG A C, SINGH B R, 2008. Organic ligand, competing cation and pH effects on dissolution of zinc in soils. Pedosphere, 18 (1): 92-101.

MICHALKE B, HALBACH S, NISCHWITZ V, 2007. Speciation and toxicological relevance of manganese in humans. Journal of Environmental Monitoring, 9 (7): 650-656.

NING X, LIN M, HUANG G, et al., 2023. Research progress on iron absorption, transport, and molecular regulation strategy in plants. Frontiers in Plant Science (14): 1190768.

SILLANPAA M, 1962. Trace elements in Finnish soils as related to soil texture and organic matter content. Agricultural and Food Science, 34 (1): 34-40.

TOW S W T, ENG Z X, WONG S P, et al., 2018. *Axonopus compressus* (Sw.) Beauv.: a potential biomonitor for molybdenum in soil pollution. International Journal of Phytoremediation, 20 (14): 1363-1368.

VYSKOCIL A, 1999. Assessment of molybdenum toxicity in humans. Journal of Applied Toxicology, 19 (3): 185-192.

WHITE M L, 1957. The occurrence of zinc in soil. Economic Geology, 52 (6): 645-651.

ZOU C Q, SHEN, J B, GUO S W, et al., 2001. Impact of nitrogen form on iron uptake and distribution in maize seedlings in solution culture. Plant and Soil, 235 (2): 143-149.

ZUO Y M, ZHANG F S, 2003. The effects of peanut intercropping with different gramineous species and their intercropping model on iron nutrition of peanut, Agricultural Sciences in China, 2 (3): 289-296.

ZUO Y M, ZHANG F S, LI X L, et al., 2000. Studies on the improvement in iron nutrition of peanut by intercropping with maize on a calcareous soil. Plant and Soil, 220: 13-25.